Brigitte Wachsmuth
Die Haselnuss

Brigitte Wachsmuth

Die Haselnuss

Kulturgeschichte – Nutzung – Verwendung im Garten

Besuchen Sie uns im Internet:
www.asw-verlage.de

Lektorat: Maria Erdmann, arts + science weimar GmbH
Satz und Gestaltung: Monika Aichinger, arts + science weimar GmbH
Druck: Beltz Bad Langensalza GmbH

ISBN 978-3-89739-951-8

Bibliografische Information der Deutschen Nationalbibliothek:
Die Deutsche Nationalbibliothek verzeichnet diese Publikation in der Deutschen Nationalbibliografie; detaillierte bibliografische Daten sind im Internet über http://d-nb.de abrufbar.

Inhaltsverzeichnis

Haselhaine im Westen Irlands

In den Sommermonaten fahren täglich zahllose Busse aus der Hafenstadt Galway kommend zu den etwas mehr als 40 km entfernten Cliffs of Moher, der meistbesuchten Sehenswürdigkeit Irlands. Dabei durchqueren sie den Burren, eine Region, die aus der Ferne betrachtet einer Mondlandschaft gleicht, so gut wie baumlose, verkarstete Hügel mit flachen grauen Kalksteinplateaus. Aus der Nähe betrachtet, zeigt sich nicht nur eine besondere Geologie mit einmaliger Pflanzenwelt, sondern zahlreiche historische und archäologische Stätten lassen die Landschaft dieser Region außerdem auf eine fast magische Weise mit ihrer keltisch geprägten Vergangenheit verschmelzen. Die Eiszeit hat im Burren eine Pflanzenwelt hinterlassen, wie man sie sonst nirgendwo auf der Welt findet, neben der typischen irischen Vegetation kann man hier polare und alpine Pflanzen, aber auch solche aus dem mediterranen Florenbereich entdecken. Entgegen dem Augenschein handelt es sich überdies um eine alte reiche Kulturlandschaft mit einem Schatz an prähistorischen und mittelalterlichen Denkmälern. Viele der Busse halten auf der Hinfahrt in der Karstlandschaft beim Poulnabrone-Dolmen, einem Hügelgrab, von dem in keinem Irland-Kalender ein Foto fehlen darf. Hat man als Bustourist Glück, macht der Busfahrer auf dem Rückweg auch einen Stopp bei Poll Sallagh, einer Stelle am Meer, wo die *pavements,* die von tiefen Rissen durchzogenen Kalksteinplatten, unmittelbar vom Atlantik umspült werden.

Trotz des unwirtlichen Aussehens ist der Burren eine fruchtbare Region. Hier wird nicht die irlandtypische Schafzucht betrieben, sondern hier werden ganzjährig Rinder gehalten, in den Sommermonaten in den feuchten Tälern, wo nach den

häufigen, ergiebigen Regenschauern temporäre Seen, die Turloughs, entstehen, da das Wasser von den Hügeln durch Spalten und Risse im Kalkstein schnell abzieht und sich an tiefer gelegenen Stellen sammelt. Im Winter werden die Rinder hier in Umkehrung des Verfahrens in den Alpenländern auf die Hügel getrieben *(winterage):* Der Kalkstein speichert die sommerliche Wärme und zwischen den Steinen findet sich ganzjährig bestes Weidegras. Dort leben auch verwilderte Ziegenherden, und beide, Rinder und Ziegen, verhindern durch das Abweiden die Verbuschung der Kalkplateaus. Entstanden während der letzten Eiszeit, als Gletscher die oberste Gesteinsschicht fast überall abgerieben haben, ist der Burren seit mehr als 5000 Jahren besiedelt. Zu diesem frühen Zeitpunkt waren die Hügel bewaldet; erst durch ein plötzliches ungeklärtes Verschwinden der Eschenpopulation, möglicherweise verstärkt durch Abholzung und die nachfolgende Beweidung, ist die charakteristische kahle Karstlandschaft entstanden.

Doch der Wald hat immer wieder versucht, die Hügel zurückzuerobern. Dort, wo die Weidewirtschaft aufgegeben wurde, wächst Hasel in den Rissen der Kalksteinoberflächen. Teils sind die Haselhaine jüngeren Ursprungs, teils existieren sie seit Jahrhunderten. Dieser „Celtic Bush", wie ihn der Autor Richard Mabey in seinem Buch *The Cabaret of Plants* nennt,[1] ist ein magischer Ort. Unter dem Dach der Haselbüsche ist es immer feucht und kühl, aber niemals dunkel. Bei Sonnenschein dringt grüngoldenes Licht durch die locker verzweigten Äste. Die zerklüfteten Kalksteinfelsen, hinterlassen von den eiszeitlichen Gletschern, sind verborgen unter hellgrün leuchtenden Moospolstern, und im Frühling, noch vor dem Austrieb der Haseln, blühen hier Buschwindröschen, Primeln und Orchideen; es sprießen zarte Gräser, und Farne entfalten ihre spiralig aufgerollten Wedel. In keltischer Zeit wurden hier heilige Quellen verehrt – ein Brauch, der umstandslos auch nach der Christianisierung Irlands übernommen wurde. Die Quellen heißen jetzt St. Brigid's oder St. Colman's Well, ihr Wasser gilt als heilkräftig und Feen und Elfen bewohnen wie eh und je diese verwunschenen Orte. Zwar werden die Haselhaine kaum

Moos überwuchert im Burren nicht nur die tiefen Spalten zwischen den Kalksteinfelsen, sondern auch die Stämme der alten Haselbüsche.

jemals 5 m hoch, doch die einzelnen Stämme wirken mit ihren bartlangen Flechten (ein Zeichen für die saubere Luft hier am westlichen Rande Europas) trotzdem, als wären sie Hunderte von Jahren alt. Das sind die Stämme allerdings nicht, denn der Haselstrauch regeneriert sich, indem er immer wieder junge Ruten aus der Wurzel treibt. Diese Eigenschaft nutzten auch die Siedler, nicht nur hier, sondern überall sonst, wo die Hasel wächst: Selbst wenn der ganze Strauch „auf den Stock gesetzt", also knapp oberhalb des Bodens abgeholzt wird, treibt er wieder aus, längere und geradere Ruten als zuvor.

Anders als im Burren ging die Zeit der Haselwälder auf dem europäischen Kontinent bereits vor 200 Jahren ihrem Ende zu. Ausführliche Gedanken, nicht nur über die wirtschaftliche Nutzung der Haselhaine, sondern auch über ihren Erhalt und den planvollen Umgang mit dieser wertvollen Ressource, machte sich in der damaligen Zeit der Herzoglich Sächsisch- und Weimarische Commerzienrat Carl Chr. A. Neuenhahn (1810) aus

Nordhausen.[2] Die Haselschösslinge sollten mindestens zwölf Jahre wachsen. Ab diesem Zeitpunkt waren sie für die Böttcherei, also die Herstellung von Fässern geeignet, die der Autor als kommerziell bedeutendste Verwertung ansieht. Nach dem Abholzen beginnt das Wachstum aufs Neue, die Haselsträucher regenerieren sich und nach weiteren zwölf Jahren bringt der Hain einen neuen Ertrag. Auf zehn Buchseiten folgt eine Beschreibung von weiteren Möglichkeiten der Nutzung, bis hin zum Pressen eines Öls aus den männlichen Kätzchen und zu Drechslerarbeiten aus dem schön gemaserten Wurzelholz. Neuenhahn bescheinigte damit der Haselwaldnutzung das, was wir heute Nachhaltigkeit nennen. Wenig später allerdings, 1831, beklagt der österreichische Forstwissenschaftler Gottlieb von Zötl (1800–1852) die zunehmende Verwilderung der Haselwälder, da kaum jemand noch die einwuchernden Bäume entferne.[3] Er warnt vor den hohen Kosten, wenn der Staat rettend eingreifen muss.

Tatsächlich sollte die Forstwirtschaft andere Wege einschlagen. Die artenreichen hellen Haselwälder mussten den düsteren Monokulturen der Fichten weichen und die nachhaltige Bewirtschaftung über Jahrhunderte machte der am Gewinn orientierten Holzernte durch Kahlschlag Platz. Wer die alteuropäischen Haselwälder erleben möchte, kann sie nur an wenigen Stellen noch finden. Der Burren in Irland wäre an erster Stelle zu nennen. In Deutschland gibt es sie vereinzelt, nur wenige sind geschützt, wie das Naturschutzgebiet „Gipskarstlandschaft Hainholz" am Südwestrand des Harzes in Niedersachsen.

Anmerkung: Der Burren ist heute eine geschützte Region,[4] aber abgesehen von einem kleineren, als Nationalpark ausgewiesenen Bereich kein eigentliches Naturschutzgebiet. Damit wird Rücksicht genommen auf die jahrhundertelange Bewirtschaftung, die erst die Besonderheit der Region hervorbringt. Bestehende alte Haselhaine sind geschützt, neu aufkommende Verbuschung darf von den Farmern beseitigt werden.

Haselnüsse – Botanik

Unsere heimische Haselnuss gehört zur Gattung *Corylus* in der Familie der Birkengewächse *(Betulaceae)*. Von den Botanikern wird sie als Gewöhnliche Hasel oder als Waldhasel *(Corylus avellana)* bezeichnet. Je nach Zählung gehören 15 bis 20 weitere Hasel-Arten zu der in den gemäßigten Gebieten der nördlichen Hemisphäre verbreiteten Gattung. In Europa reicht das Verbreitungsgebiet der Waldhasel bis zum Polarkreis, im Osten bis zum Kaukasus und nach Kleinasien. In Mitteleuropa sind Haselbuschwälder nach dem Ende der letzten Eiszeit entstanden, als die Hasel aus ihren Rückzugsgebieten im südwestlichen Europa wieder in den Norden einwanderte. Nicht alle Vorkommen von Haselsträuchern in Deutschland sind jedoch naturwüchsig. Haselniederwald ist über Jahrhunderte forstwirtschaftlich genutzt worden und Vorkommen von Haseln in der Nähe von Siedlungen dürften in der Regel auf frühe oder sogar sehr frühe Anpflanzungen zurückgehen. Strittig ist, ob die mit der Waldhasel nah verwandte Lamberthasel mit ihren länglichen Früchten und der geschlossenen Fruchthülle als eigene Art, *Corylus maxima,* betrachtet werden soll. Außer ihr und der heimischen Haselnuss sowie der forstwirtschaftlich genutzten Baumhasel *(Corylus colurna)* sind bei uns keine weiteren Angehörigen der Gattung von kommerzieller Bedeutung.

Alle Haselarten sind sommergrüne, laubabwerfende Bäume oder Sträucher. Die Blütezeit liegt sehr früh, die Blüten erscheinen im Spätwinter und Vorfrühling an den noch kahlen Ästen, in sehr milden Wintern auch früher. Jede Pflanze verfügt über weibliche und männliche Blütenstände (Kätzchen), Haseln benötigen aber Fremdbestäubung durch andere Sträucher. Die Bestäubung erfolgt durch den Wind, die Blüte ist daher unscheinbar, nur die roten Narben ragen aus der Knospe hervor. Hinsichtlich ihrer Reifezeit können sich Haselnuss-Sorten

Die heimische Waldhasel Corylus avellana: *a) männliche und weibliche Blüten an einem Zweig, b) Pollen, c) weibliche Blüte, d) Stempel und Fruchtknoten, e) Blätter und Fruchtstand, f) Nuss.*

voneinander unterscheiden, bei uns reifen die Nüsse von Mitte September bis Oktober. Die Nuss ist in der Regel einsamig, nur selten finden sich zwei Kerne in einer Schale. Von den Nüssen ernähren sich vornehmlich Kleinsäuger wie Eichhörnchen, Haselmäuse und Siebenschläfer, aber auch Vögel wie Kleiber und Eichelhäher. Durch vergessene Nahrungsverstecke oder Verlust beim Transport zu den Nistplätzen bzw. Kobeln tragen sie zur Ausbreitung des Haselstrauchs bei.

Die männlichen, pollentragenden Blütenstände der Haselnuss werden, wie die der Weiden (Salix), *„Kätzchen" genannt.*

Waldhaselnuss, Lambertnuss und Zellernuss

Haselnuss ist nicht gleich Haselnuss. Nur oberflächlich betrachtet sehen sie alle ziemlich gleich aus. Die Nüsse können größer oder kleiner, rund oder oval sein. Vor allem in der Form der Fruchthülle bestehen teils deutliche Unterschiede. Sie kann so kurz sein, dass sie die Nuss nur halb bedeckt, oder so lang und röhrig, dass sie diese völlig umschließt, mit vielen Varianten zwischen diesen beiden Extremen.

Die nur wenige Millimeter große weibliche Blüte; die roten Narben sind gut erkennbar.

Die Lambertnuss, *C. maxima,* wird höher als die Waldhasel und ist etwas kälteempfindlicher. Ihre Nuss ist von einer sehr langen, röhrigen, am unteren Rand geschlitzten Fruchthülle umgeben, die die Nuss ringsum bedeckt. Auf die Ähnlichkeit mit einem Spitzbart bezieht sich angeblich der alternative Name „Bartnuss", bei dem es sich aber ebenso um eine Verkürzung von „Lambert" handeln könnte. Die Bezeichnung „Lambertnuss" selbst verweist nicht auf den heiligen Lambertus, einen Märtyrer des 8. Jahrhunderts, sondern bedeutet „lombardische" (mittelhochdeutsch „lampartische") Nuss, also eine Herkunft aus Norditalien, denn die ersten Haselnüsse mit größeren Früchten kamen über die Alpen ins nördliche Europa. Im angelsächsischen Raum heißt die Lambertnuss „Filbert". Der Name soll daher rühren, dass sie um den 20. August reif ist, dem Tag des Hl. Philibert. Eine andere Vermutung besagt, dass der Name vom deutschen Wort „Vollbart" abgeleitet ist

und der „Bartnuss“ entspricht. Volksetymologisch wurde auch bei uns „Lambert“ als „Langbart“ gedeutet. Heute wird die Bezeichnung „Filbert“ im angelsächsischen Raum oftmals für alle größerfruchtigen Haselnüsse verwendet. Ihr botanischer Name, *C. maxima,* erscheint erstmals 1768 im *Gardeners' Dictionary* des englischen Gärtners und Botanikers Philip Miller. Der Berliner Botaniker Carl Ludwig Willdenow gab ihr den Namen *Corylus tubulosa,* der noch bis ins 20. Jahrhundert hin und wieder Verwendung gefunden hat und heute als Synonym gilt. Die Lambertnuss ist, wie Illustrationen in Manuskripten aus dieser Zeit belegen, in Europa mindestens seit dem 14. Jahrhundert in Kultur, möglicherweise sogar weit länger.

Die heimische Waldhaselnuss und die aus dem Mittelmeerraum stammende Lambertnuss werden schon von den Vätern der Botanik, den Kräuterbuchautoren, unterschieden. Seit dem 17. Jahrhundert kennt man noch eine dritte Gruppe, die Zellernüsse. Während die Lamberthasel durch ihre charakteristische Fruchthülle leicht identifizierbar ist, sind Zellernüsse nicht so einfach von Waldhasel- und Lambertnüssen abzugrenzen, da sie mit ihren Merkmalen zwischen beiden stehen. Im deutschsprachigen Raum hat man als Zellernüsse in der Regel größerfruchtige Sorten mit dünnerer Schale bezeichnet. Die Botaniker des 19. Jahrhunderts betrachteten sie als Varietät der Waldhaseln und haben sie *Corylus avellana* var. *grandis* genannt. Tatsächlich sind aber, wie sich zeigen wird, die Verwandtschaftsbeziehungen nicht so eindeutig.

Ältere Sorten haben den Begriff „Zellernuss“ häufig als Namensbestandteil. Er geht auf das Kloster Zell bei Würzburg zurück, Haselnüsse dieses Typs sollen in der Umgebung seit langer Zeit bekannt sein. Dass die Mönche des Klosters sie aus Italien mitgebracht haben, wie manchmal vermutet, ist möglich, jedoch nicht belegt.

Die Kerne der Zellernüsse können rund oder länglich sein, die Nuss ist größer als bei der Waldhasel, die Fruchthülle länger, aber im Gegensatz zur Lambertnuss nicht geschlossen. Der Begriff „Zellernuss“ ist somit nicht so sehr als eine systematische Bezeichnung anzusehen, sondern eher als Sammelname für großfruchtige Kulturformen. Zahlreiche dieser alten Sorten

Die weiße Lambertnuss ist eine der ältesten Sorten der Haselnuss. Sie wird bei uns schon seit dem 16. Jahrhundert kultiviert.

existieren noch in pomologischen Sammlungen, manche sind sogar auch jetzt noch im Handel.

Der Botaniker Karl Koch (1809–1879) lernte 1843 auf einer Reise nach Vorderasien im heutigen Istanbul die dort wachsenden Haselnuss-Sträucher kennen, die die damals auch in Nordeuropa beliebten „Stambul-Nüsse“ lieferten. Vor allem an den Fruchthüllen waren sie von unseren heimischen Waldhaselnüssen zu unterscheiden. Daher beschrieb Koch sie als eigene Art, *Corylus pontica,* und sah darin die Vorfahren der Kulturhaselnüsse.[5] Später wurde sie zwar als Varietät in *C. avellana* eingegliedert, die Unterschiede sind aber immerhin so erheblich, dass sie auch von *World Flora Online* (WFO) und von *Plants of the World Online* (POWO), den derzeit maßgeblichen Datenbanken aller Pflanzennamen, als Varietät *C. a.* var. *pontica* akzeptiert wird. Die Pontische Hasel steht ebenfalls mit ihren Eigenschaften zwischen den beiden Arten *C. avellana* und *C. maxima,* unterscheidet sich aber von den Zellernüssen. Die Türkei ist bis heute der weltgrößte Haselnussproduzent, ihre Nüsse werden auch in großem Umfang nach Deutschland exportiert.

In den letzten Jahrzehnten vorgenommene molekulargenetische Untersuchungen haben ergeben, dass die Haselnuss-Kultursorten nicht streng voneinander abgrenzbar sind. Insbesondere lassen die molekulargenetischen Befunde eigentlich nicht zu, Sorten mit einer langen röhrigen Hülle als eigene Art, *Corylus maxima,* zusammenzufassen, wie es immer noch geschieht. Diese langhülsigen Sorten bilden keine separate Gruppe, sie sind untereinander oftmals weniger verwandt als mit anderen Sorten.[6] Ob *C. maxima* damit überhaupt noch als eigenständiges Taxon, also als Name für eine Gruppe botanisch als zusammengehörig angesehener Pflanzen, aufgefasst werden kann, ist daher strittig. Heute wird dort, wo es um Kultursorten geht, der Name *Corylus avellana* oft in einem weiteren Sinne (*sensu lato)* gebraucht und schließt auch alle mediterranen und südosteuropäischen Haselnüsse ein. Die WFO und die POWO, die Kulturformen und Varietäten gewöhnlich nicht erfassen, akzeptieren allerdings weiterhin *C. maxima* als eigene Art. Die bekannteste Form der Lambertnuss ist heute *C. maxima* 'Atropurpurea', die rotlaubige Bluthasel, die als Zierstrauch in vielen Gärten zu Hause ist.

Traditionelle Klassifikation

Waldhasel, *Corylus avellana* L.
Bei uns wild vorkommend. Die Fruchthülle ist zweiteilig und höchstens so lang wie die Nuss, meist kürzer, die Nüsse sind rundlich.

Pontische Hasel, *Corylus avellana* var. *pontica* (K. Koch) H. Winkl.
In Südosteuropa wild (oder verwildert) vorkommend. Im Gegensatz zum Typ von *C. avellana* hat diese Varietät eine einblättrige Fruchthülle, die die Nuss an Länge überragt; sie verengt sich an der Spitze der Nuss, öffnet sich dann aber, im Gegensatz zur Hülle der Lambertnuss.

Zellernuss, *Corylus avellana* var. *grandis* Aiton
Kulturform; die Nüsse sind groß und eher rund als lang, es gibt aber Ausnahmen. Die Fruchthülle ist zweiteilig, je nach Sorte unterschiedlich lang, jedoch immer offen, so dass die reife Nuss herausfallen kann. Dem Begriff „Zellernuss" entspricht das englische „Cobnut", das allerdings auch andere größerfruchtige Haselnüsse bezeichnen kann. Die auf William Aiton zurückgehende Abgrenzung als Varietät „var. *grandis*" gilt heute nur noch als Synonym der Art.

Lambertnuss, *Corylus maxima* Mill.
Als Heimat der Lambertnuss wird meist der Nordwesten des Balkans angegeben. Zweifelsfreie Wildvorkommen sind allerdings nicht bekannt, es existieren auch keine Herbarbelege von Pflanzen aus Wildsammlungen.[7] Die Nüsse sind mittelgroß bis groß, nicht rund, sondern länglich, die Schale ist dünn. Charakteristisch ist die lange und geschlossene Fruchthülle. Die Nuss fällt bei Reife mit der Hülle zu Boden, diese muss nach der Ernte noch entfernt werden. Die Blätter haben oft einen deutlichen bronzefarbenen Schimmer und eine rötliche Unterseite.

Zellernuss mit weit geöffneter Fruchthülle und länglichem Kern aus dem Teutschen Obstgärtner *(1802).*

Klassifikation der kultivierten Formen der europäischen Haselnuss aus aktueller Sicht

Nach den molekulargenetischen Untersuchungen von Tufan Gökirmak, Paolo Boccacci und anderen[8] lassen sich die aus der Schwarzmeerregion stammenden Haselnüsse genetisch sowohl von den nordeuropäischen wie von den spanisch-italienischen Sorten abgrenzen. Allerdings sind die Übergänge fließend, eine Zuordnung von Kultursorten zu unterschiedlichen botanischen Taxa ist daher willkürlich. Insbesondere ist eine Unterscheidung in *Corylus-avellana*-Sorten und *C.-maxima*-Sorten auf Grundlage dieser Ergebnisse kaum sinnvoll. Die untersuchten Sorten kann man jedoch nach der jeweils näheren oder weiteren Verwandtschaft in Gruppen zusammenfassen:

I. Aus der Waldhasel hervorgegangene Zierformen wie 'Fusco-Rubra' und 'Heterophylla', aber auch die Fruchtsorte 'Barcelloner Zellernuss'.

II. Mitteleuropäische Gruppe
Deutsche und polnische Sorten, insbesondere die meisten der im 18. und 19. Jahrhundert in Deutschland entstandenen Sorten.

III. Englische Gruppe I
Alte englische Sorten wie 'Frizzled Filbert' und 'Nottingham' sowie die Korkenzieherhasel 'Contorta'.

IV. Englische Gruppe II
Sorten zumeist englischer Herkunft wie 'Cosford' und 'Downton'; von den bei uns entstandenen Sorten gehört 'Büttners Zellernuss' hierher.

V. Spanisch-Italienische Gruppe
Von den mitteleuropäischen Sorten zählen hierzu nur die 'Gubener Barcelloner' und die 'Römische Nuss'. Bekannte südeuropäische Sorten sind 'Tonda gentile delle Langhe' (syn. 'Tonda

trilobata'), 'Tonda Romana', 'Mortarella' und 'Pauetet'.

VI. Schwarzmeer-Gruppe I
Zu dieser vor allem in der Türkei beheimateten Gruppe gehören die auch bei uns kultivierten Sorten 'Impériale de Trébizonde' und 'Weiße Lambertnuss'.

'Fuscorubra', die seltene rotblättrige Form der Waldhasel, zeigt zwar keine so intensive Rotfärbung wie andere rotblättrige Haselsträucher, dafür jedoch ein herbstliches Farbenspiel zwischen warmen Rostorange- und Kupfertönen.

VII: Schwarzmeer-Gruppe II
Vornehmlich osteuropäische Sorten, außerdem 'Webbs Preisnuss' und 'Burchardts Zellernuss'.

In der Übersicht über die Haselnuss-Sorten im Kapitel „Haselnüsse im Hausgarten" wird die Gruppenzugehörigkeit angegeben, wenn entsprechende Ergebnisse vorliegen.

Andere Spezies der Gattung Corylus

Die restlichen der insgesamt rund 20 *Corylus*-Arten finden sich bei uns, wenn überhaupt, höchstens in botanischen Sammlungen. Eine wichtige Ausnahme stellt die Baumhasel *(C. colurna)* dar, die als Forst- und Straßenbaum, aber auch als zierendes Gehölz in Gärten gepflanzt wird. *C. ×colurnoides* ist die Hybride der Baumhasel mit *C. avellana.*

Türkische Baumhaselnuss *(C. colurna)*
Die aus den Bergwäldern Südosteuropas und Kleinasiens stammende Baumhasel ist bei uns als Straßenbaum häufiger zu finden, hin und wieder auch als Ziergehölz; als Fruchtbaum ist sie weniger geschätzt. Ihre Nüsse sind kleiner als beim Haselstrauch und weniger wohlschmeckend. Die Baumhasel findet im kommerziellen Anbau auch Verwendung als Veredelungsunterlage für Kulturhaselnüsse. Nicht nur sind auf Baumhasel veredelte Sorten ertragreicher und lassen sich besser ernten – während Sträucher

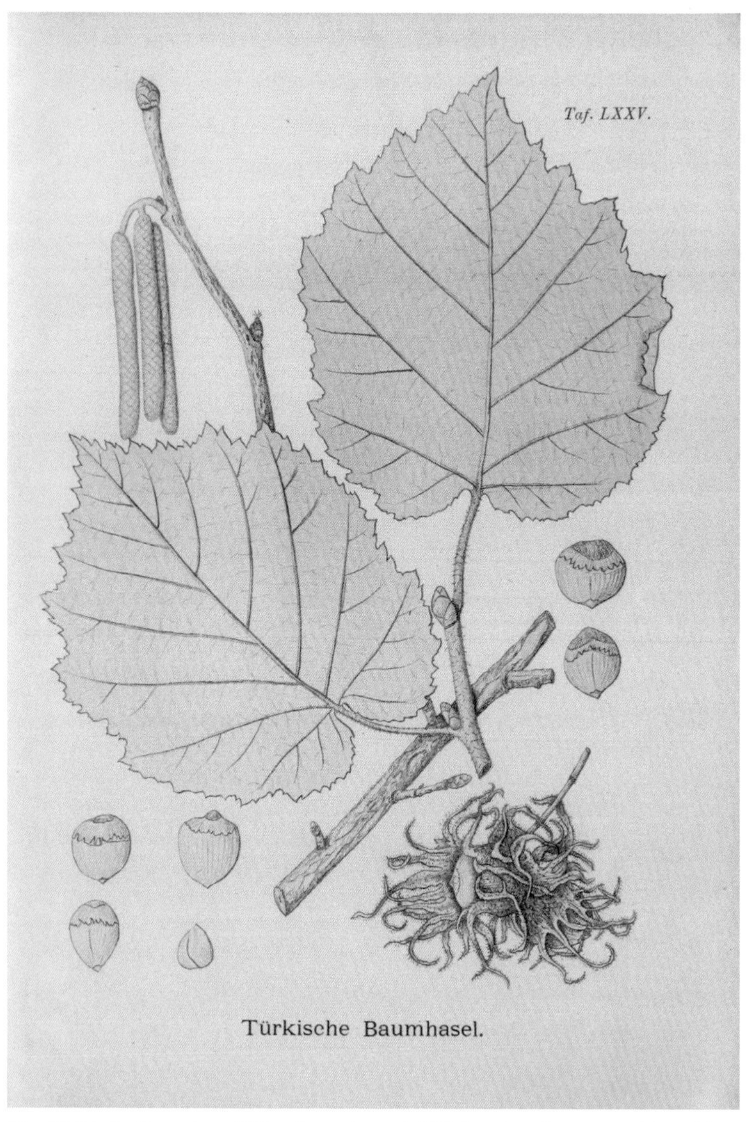

Die Türkische Baumhasel (Corylus colurna) *fällt Spaziergängern meist erst im Herbst auf, wenn die bizarren Fruchtstände zu Boden gefallen sind.*

Der Stamm eines ausgewachsenen Baumhasel-Exemplars (Corylus colurna) *mit der charakteristischen rauen Borke.*

erst nach acht Jahren einen nennenswerten Ertrag liefern, setzt dieser bei den veredelten Pflanzen schon weit früher ein.

Trazel *(C. ×colurnoides)*

Der deutsche Dendrologe Camillo Schneider (1876–1951) hat diese Hybride von *Corylus avellana* und *C. colurna* erstmals beschrieben. In den 1960er-Jahren wurden in Kanada von der Gellatly-Nussfarm gezielt Kreuzungen vorgenommen und vielversprechende Sämlinge selektiert. Ihre Namen haben zumeist die Endung „-oka", nach dem Okanagan Valley in British Columbia. Vom Wuchs her ist die Trazel der Baumhasel ähnlich, und mit ihren gekrausten Fruchthüllen ebenso dekorativ, aber von besserer Fruchtqualität. Die englische Bezeichnung „Trazel" setzt sich zusammen aus „Turkish" und dem Ende des Wortes „hazel".

C.×vilmorinii (C. chinensis × C. avellana)

Die Hybride zwischen der baumartigen Chinesischen Haselnuss *C. chinensis* und der Waldhaselnuss steht mit ihren Eigenschaften zwischen diesen beiden Arten. Beschrieben wurde sie erstmals 1926 von dem deutsch-amerikanischen Botaniker Alfred Rehder, der sie in einer 1911 von der französischen Gärtnerei Vilmorin erhaltenen Lieferung entdeckt hatte.[9]

Die Haselzeit

Die Ankunft des Haselstrauchs in Europa

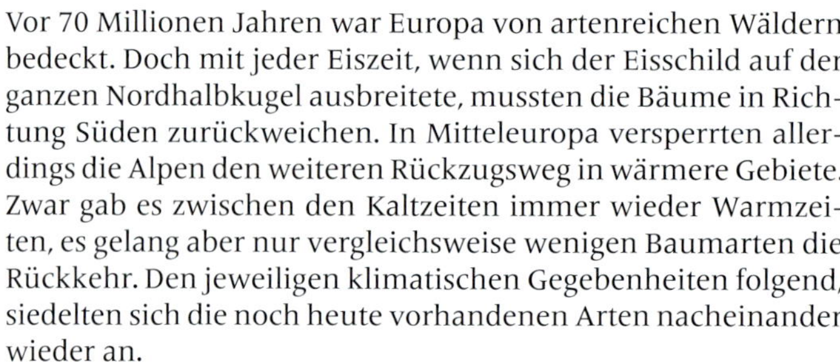

Vor 70 Millionen Jahren war Europa von artenreichen Wäldern bedeckt. Doch mit jeder Eiszeit, wenn sich der Eisschild auf der ganzen Nordhalbkugel ausbreitete, mussten die Bäume in Richtung Süden zurückweichen. In Mitteleuropa versperrten allerdings die Alpen den weiteren Rückzugsweg in wärmere Gebiete. Zwar gab es zwischen den Kaltzeiten immer wieder Warmzeiten, es gelang aber nur vergleichsweise wenigen Baumarten die Rückkehr. Den jeweiligen klimatischen Gegebenheiten folgend, siedelten sich die noch heute vorhandenen Arten nacheinander wieder an.

Etwa vor 14 000 Jahren begann in Europa der Eisschild der letzten Kaltzeit nach Norden zurückzuweichen, vor rund 11 600 Jahren endete in Mitteleuropa die vorerst letzte Eiszeit. Der Boden der Kältesteppen am Fuße der Gletscher – man kann ihre Flora mit dem alpinen Pflanzenwuchs oberhalb der Baumgrenze vergleichen – taute nun in den Sommermonaten auch in tieferen Erdschichten auf und konnte von strauchartigen Pflanzen besiedelt werden, denen dann mit zunehmender Erwärmung auch die Bäume folgten. Die eiszeitlichen Mammutjäger der Tundra mussten lernen, sich auf neue Nahrung umzustellen. Von Süden drangen zudem andere Jäger-/Sammlerkulturen nach Norden vor. Zu den ersten Holzpflanzen, die aus ihren Rückzugsgebieten nach Mitteleuropa zurückkehrten, gehörte neben Birken und Kiefern die Hasel *(Corylus avellana)*. Keine andere Pflanze ist bei Pollenfunden aus dieser Zeit so stark vertreten wie der Haselstrauch. Archäologen bezeichnen daher die Zeit von 8000 bis 6800 v. Chr. auch als Haselzeit. Das schnelle Vordringen der Haselnuss fand gleichzeitig statt mit der Ausbreitung mittelsteinzeitlicher Kulturen nach Norden. Beides stand möglicherweise

Ein alter Haselhain, dessen Nutzung aufgegeben wurde.

miteinander in Verbindung. Durch Sammeln von Haselnussvorräten könnten diese Jäger-Sammler die Vermehrung der Haselnuss und das Vordringen der Art nach Norden unwillentlich oder sogar absichtsvoll beschleunigt haben.[10] Die ausgedehnten Haselwälder dieser Zeit wurden schließlich von den sich ausbreitenden Eichenmischwäldern, dann auch in weiten Teilen Deutschlands von Buchenwäldern abgelöst. Haselhaine wurden zunehmend seltener, existierten bei uns aber bis ins 19. Jahrhundert. Es gibt sie als Relikte noch hier und da in Deutschland.[11] Wie sie ausgesehen haben mögen, lässt sich in den Haselbuschhainen im westlichen Irland erfahren.

Mensch und Hasel in der Mittleren Steinzeit – die Haselnussökonomie

Die Ausgrabungsstätte Duvensee in Schleswig-Holstein gibt wie nur wenige andere in Deutschland Auskunft über das Leben der Menschen in der Mittleren Steinzeit.[12] Anders als sonst haben

sich dort auch organische Materialien erhalten. Gesichert ist, dass sich hier Lagerplätze von nomadischen Jäger-Sammlern befanden. Am Ufer eines nach dem Rückzug der Gletscher entstandenen Sees, der später, im Laufe der Jahrhunderte, mehr oder weniger verlandete, sind, geschützt durch eine Torfschicht, zahllose Hinweise auf „Wohnplätze" zu finden, die tatsächlich mehr als dem Wohnen einem anderen Zweck dienten, nämlich dem Sammeln und Verarbeiten von Haselnüssen. In allen Erdschichten der auf die Zeit zwischen 9000 und 6500 v. Chr. datierten Fundstellen hat man große Mengen von Haselnuss-Schalen entdeckt. Die um zentrale Feuerstellen gruppierten Nussabfälle lassen sich nur so interpretieren, dass die Menschen diese Plätze für die Verarbeitung der Nüsse nutzten, die dort durch Rösten haltbar gemacht wurden. Diese Haselnussröststellen erlauben auch Schlüsse auf die Lebensweise der Menschen in der Mittleren Steinzeit, dem Mesolithikum, denn eine Verarbeitung der Nüsse in derartig großen Mengen diente offensichtlich der Vorratshaltung. Sie wurden nicht nur nebenbei geknabbert, sondern waren ein wichtiges Nahrungsmittel. Die Röststellen bestanden aus großen Mengen Sand, der eigens zu diesem Zweck dorthin gebracht worden war. Dieser wurde zunächst erhitzt, anschließend mit den Nüssen vermischt und auf Rindenmatten ausgebreitet, die Nüsse wurden nach Abkühlung dann wieder ausgelesen. An einer anderen Stelle hat man auch Überreste von Lehmplatten gefunden, auf denen die Nüsse geröstet wurden. Mit der Schale geröstete Haselnüsse sind nicht nur haltbarer, sie lassen sich auch einfach mit den Werkzeugen der Steinzeit knacken: Die geröstete Nuss auf die flache, raue Seite der Schale („Schild") stellen und mit einem Stein auf die Spitze schlagen. Die Schale spaltet sich in zwei Hälften, der Kern bleibt ganz.

Nicht nur solche „Nussknacksteine" hat man gefunden, sondern auch Steine mit Reibspuren, die als Reibsteine zur Herstellung von Nussmehl gedeutet werden. Dass Nussmehl bei den Jäger-Sammlern des Mesolithikums Verwendung fand, ist von anderen Fundstellen bekannt, wo Nussreste an Reibsteinen nachgewiesen wurden. Die Bedeutung der Nüsse für die Ernährung der damaligen Menschen war vermutlich weit wesentli-

cher als zumeist angenommen. Schätzungen gehen davon aus, dass sie rund die Hälfte ihres Energiebedarfs mit Haselnüssen gedeckt haben könnten. Dass die Ertragsspanne, also die Differenz zwischen der aufgewendeten Arbeit und dem erzielten Ertrag, bei der Gewinnung von Nussvorräten außerordentlich groß ist und sogar die des steinzeitlichen Ackerbaus übersteigt, wie manchmal zu lesen, bedarf allerdings der Ergänzung: Die Nusserträge konnten die Bevölkerung nur bei einer sehr geringen Besiedlungsdichte ernähren. Die Menschen dieser Zeit waren Nomaden, die dorthin zogen, wo saisonbedingt ein reiches Nahrungsangebot vorhanden war. Zum Überleben benötigten die kleinen Menschengruppen ein sehr weiträumiges Gebiet. Erst die Etablierung des Ackerbaus in der Jungsteinzeit ermöglichte eine sesshafte Lebensweise und damit eine höhere Bevölkerungsdichte.

Die „Haselnussökonomie" gab es in der Mittleren Steinzeit nicht nur in Norddeutschland. Haselnuss-Schalen wurden an vielen steinzeitlichen Siedlungsplätzen in anderen europäischen Regionen nachgewiesen. Es haben sich in Irland auch Hinweise darauf gefunden, dass im Mesolithikum bereits Stockausschläge durch Abholzen gefördert wurden. Der irische Archäologe Killian Driscoll ist der Überzeugung, dass Haselholz das bevorzugte Material der dortigen Jäger-Sammler – und selbstverständlich auch anderswo – gewesen ist.[13] Denken lässt sich dabei an die Herstellung von Werkzeugen und Waffen, den Bau temporärer Unterkünfte und selbstverständlich wurde es außerdem als Brennmaterial genutzt. Die Wertschätzung der Haselnuss endete nicht mit der „neolithischen Revolution", dem Übergang zum Ackerbau und zur Sesshaftigkeit in der Jungsteinzeit. Überreste von Haselnüssen haben Archäologen auch aus späteren Epochen gefunden, nicht nur an Wohnplätzen, sondern sogar als Grabbeigaben. Der polnische Archäologe Andrzej Niewęgłowski,[14] der Belege dafür suchte, dass die Hasel in den Religionen früheuropäischer Kulturen eine bedeutende Rolle gespielt hat, stellte dazu eine Übersicht der bekannten Fundstellen zusammen. Sie verteilen sich über ganz Mitteleuropa und reichen von der ersten Periode der Bronzezeit bis

zum Frühmittelalter. Ein Großteil der Funde gehört der eisenzeitlichen, keltischen Latènekultur an sowie der von ihr beeinflussten Przeworsk-Kultur im östlichen Mitteleuropa. Bis in die Völkerwanderungszeit finden sich Haselnussbeigaben aber auch anderswo, so in einem prächtig ausgestatteten fränkischen Frauen- und Knabengrab aus dem 6. Jahrhundert unter dem Chor des Kölner Doms.[15]

Bis ins 19. Jahrhundert war Haselholz in seinen verschiedenen Formen, als ein- oder mehrjährige Ruten, als gerade gewachsenes Rundholz und als Feuerholz, in der bäuerlichen Ökonomie der Regionen nördlich der Alpen unverzichtbar. Erst mit der Industrialisierung ging das Haselzeitalter tatsächlich zu Ende.

Früchte der heimischen Waldhasel (Corylus avellana) *mit charakteristischer kurzer Fruchthülle.*

Die Geschichte der Haselnusskultur

Haselnüsse in der Antike

Die Verwendung der Haselnuss gehört zum gesamteuropäischen Kulturerbe. Haselnuss-Sträucher waren in weiten Teilen des nördlichen Europa seit der Mittleren Steinzeit eine wichtige, leicht zugängliche Ressource, nicht nur wegen ihrer Nüsse, sondern auch wegen ihres Holzes und der einjährigen Haselnussgerten, die vielseitig genutzt wurden. Neben den nacheiszeitlichen Funden wird dies auch durch Erkenntnisse der historisch-vergleichenden Sprachwissenschaft belegt: Das altgriechische *kórylos* (κόρυλος), das sich schon bei Aristoteles findet, ist verwandt mit dem lateinischen *corulus,* dem protokeltischen **koslos* und dem protogermanischen **hasalaz.* Sie gehen sämtlich zurück auf die indo-europäische Wurzel **kos(e)lo,* den Begriff für den Haselstrauch.[16] Dass, wie manchmal zu lesen, *Corylus* vom altgriechischen *Korys* für ‚Helm' herrührt, weil die Hülle die Nuss wie ein Helm umschließt, ist eine volksetymologische Deutung.

Noch im 16. Jahrhundert gab es, wie Hieronymus Bock, der Verfasser des *Kreütterbuchs,* berichtet,[17] in Deutschland ausgedehnte Haselnusswälder. Sie dienten in vielerlei Hinsicht dazu, den Bedarf der Menschen an Holz zu decken. Ob in Siedlungsnähe Sträucher absichtsvoll angepflanzt wurden oder ob ohne menschliches Zutun auftretende Sämlinge in Hausnähe bloß willkommen waren, kann nur in wenigen Fällen beantwortet werden. Die ununterbrochene Nutzung der Sträucher und ihrer Nüsse seit dem Mesolithikum ist aber in jedem Fall anzunehmen.

Frühe schriftliche Quellen gibt es aus dem südeuropäischen Raum. Griechen und Römer kannten die Hasel nicht nur, sie hatten

sie auch bereits in Kultur. Hinweise auf ihren Anbau findet man schon 300 Jahre vor unserer Zeitrechnung bei Theophrast, der sowohl wilde als auch durch Kultur „verbesserte" Pflanzen kannte. Er beschreibt ausführlich die Wuchsform und gibt an, dass der Strauch höhere Erträge liefere, wenn man ihn beschneidet. Dass Haselnuss-Sträucher als Hochstämme gezogen wurden, erwähnt er beiläufig[18] und er kennt bereits zwei Sorten, eine mit runden und eine mit länglichen Nüssen. Haselnüsse hießen bei den Griechen *Lopina, Leptokaryon* (‚Leicht-Nuss'; im Gegensatz zur schwereren Walnuss) oder wie bei Theophrast *Karyon Herakleotikon.* Herakleia (‚Heraklesstadt') war der Name zahlreicher antiker Städte, die „herakleotische Nuss" kam vermutlich aus der Stadt Herakleia Pontike (heute: Karadeniz Ereğli) an der türkischen Schwarzmeerküste. In dieser Region werden auch heute noch in großem Umfang Haselnüsse angebaut. Pontische Nüsse waren ein wichtiges Handelsgut. Ein ägyptischer Papyrus aus dem Jahr 259 v. Chr., in dem es um Einfuhrzölle geht, erwähnt sie als *Karya pontika.*[19] Nicht nur das neugriechische Wort für Haselnuss, φουντούκι (fountoúki), ist davon abgeleitet, sondern auch das türkische *fındık.*

Bei dem Römer Marcus Porcius Cato (234–149 v. Chr.) ist erstmals die lateinische Bezeichnung *corylus* belegt.[20] Cato folgend teilt später auch Plinius der Jüngere (ca. 61–113 n. Chr.) die Haselnüsse nach ihrer Herkunft ein.[21] Neben Herkünften in Italien, insbesondere den Gegenden um das antike Praeneste (Palestrina) in Latium und dem heutigen Avellino in der Provinz Campania, erwähnt er ebenfalls die *nux pontica* vom Schwarzen Meer.[22] Vielfach ist vermutet worden, dass mit manchen der bei Cato und Plinius genannten Nüsse die Lambertnuss gemeint sein könnte. Nach heutiger Auffassung[23] stammt diese aus dem Nordwesten der Balkanhalbinsel, bei allen anderen Wildvorkommen handelt es sich demnach um Kulturflüchtlinge. Zwar könnte die Lambertnuss schon in vorrömischer Zeit in Kultur genommen worden sein, eine Ausbreitung bis hin zum Schwarzen Meer ist aber wenig wahrscheinlich. Auch die runde Nuss aus der Gegend um Avellino, wo bis heute Haselnüsse angebaut werden und deren Bezeichnung im botanischen Namen *Corylus avellana* enthalten ist, war sicher keine Lambertnuss.

Die Haselnuss findet bei Plinius vor allem Erwähnung als Arznei. Dass sie außerdem gern gegessen wurde, erfährt man nur indirekt als Warnung vor ihrem Genuss. Plinius, der den Haselnüssen nachsagt, dass sie Kopf- und Magenschmerzen verursachen und ihr Genuss zu Fettleibigkeit führt – was bei übermäßigem Verzehr tatsächlich nicht ganz auszuschließen ist –, kennt etliche medizinische Anwendungen, unter anderem gegen Haarausfall, eine laufende Nase und „alten“ Husten. Auch der griechische Militärarzt in römischen Diensten, Dioskurides, verwendet die Haselnuss gegen chronischen Husten und bei Erkältungen. Verkohlte, fein geriebene Haselnuss-Schalen wurden mit Bärenfett gemischt und bei Haarausfall angewendet. Als Volksglauben erwähnt er außerdem, dass Einreibungen der Stirn mit Öl, dem diese Haselnusskohle beigemischt ist, die Iris von blauäugigen Kindern dunkler machen soll.[24] Der Ackerbauschriftsteller Columella mischt Haselnüsse zerrieben unter eine Art Käsecreme und der spätrömische Kochbuchautor Apicius gibt sie an Soßen zu Fleisch und Geflügel, aber ebenso an Süßspeisen.[25] Dass Haselnüsse in der Römerzeit ein verbreitetes Nahrungsmittel waren, belegen auch zahlreiche Grabungsfunde in römischen Siedlungsarealen nördlich der Alpen.

Haselnüsse im Mittelalter und in der Neuzeit

Die mittelalterliche Arzneimittelkunde fußt auf den Lehren des Dioskurides, zunächst wurden seine Schriften in den oberitalienischen Städten zur Grundlage der Heilkunst, von dort übernahmen sie die Ärzte dann auch nördlich der Alpen. Die antiken medizinischen Vorschriften zur Anwendung der Hasel erscheinen daher noch in den Kräuterbüchern zu Beginn der Neuzeit und werden bis ins 17. Jahrhundert von den hiesigen Ärzten befolgt. In ganz anderem Zusammenhang taucht der Haselstrauch bereits kurz nach dem Ende der Spätantike nördlich der Alpen auf. Im Frankenreich des 7. und 8. Jahrhunderts

wird in der *Lex ripuaria* der heidnische Haselzauber verboten. Diese rheinfränkische Gesetzessammlung regelte das Zusammenleben der Franken und ihrer römisch-gallischen Nachbarn unter fränkischer Herrschaft. Der Haselzauber in seinen verschiedenen Formen (Wünschelrute, Liebeszauber, Abwehr von Übeln) war offensichtlich trotz der voranschreitenden Christianisierung noch weit verbreitet. Das Verbot zeigte wenig Wirkung, noch bis ins Mittelalter sind Haselzauber nachgewiesen und lebten später in Volksbräuchen fort.

Im *Capitulare de villis,* der von Karl dem Großen erlassenen Reichsgüterverordnung, heißt der Haselstrauch *avellanarius.* Rudolf Fischer-Benzon vermutet mit einigem Grund,[26] dass es sich dabei um die Lambertnuss gehandelt haben könnte: Da die Aufzählung sonst nur Kulturpflanzen und nicht-einheimische Pflanzen enthält, wäre die Aufnahme eines überall vorkommenden Wildgehölzes einigermaßen unverständlich.

In den Schriften, die auf Hildegard von Bingen zurückgehen, finden sich zwar auch die damals überall von den gebildeten Heilkundigen übernommenen römisch-arabischen Ansichten zur medizinischen Anwendung. Weit deutlicher wird Hildegard jedoch in der ausdrücklichen Ablehnung des Verzehrs von Haselnüssen, die sie für ein sündiges Aphrodisiakum hält. Hintergrund dürften die zu ihrer Zeit noch immer vorhandenen Relikte des vorchristlichen

Darstellung eines Rutengängers aus der Abhandlung des Abbé de Vallemont über die Kunst des Wünschelrutengehens, 1693 erstmalig erschienen.

Volksglaubens sein, in dem Haselnüsse als Liebeszauber eine wichtige Rolle spielten. Hildegard als christlich-spirituelle Lehrerin teilte selbstverständlich nicht nur die Vorstellungen des Klerus zur Sexualmoral, mehr noch musste sie diese Überbleibsel heidnischen Glaubens, die offensichtlich mit der Haselnuss verbunden waren, missbilligen.

Bei Albertus Magnus (gest. 1280), der in seinen Schriften die Verwendung des Haselnuss-Strauchs in den Gärten belegt, heißt er *corilus,* die Frucht *auellana.* Er befasst sich auch mit ihrer Botanik; die Bedeutung der männlichen Kätzchen war ihm allerdings noch nicht bekannt. Er nennt sie *purgamenta* (‚Müll') oder *superfluitates* (‚Überflüssiges').

Haselsträucher lieferten nicht nur im Mittelalter, sondern auch später ein unverzichtbares Rohmaterial für die unterschiedlichsten Zwecke. Die Sträucher selbst wurden als Feldbegrenzung, oft in Form von Flechthecken, angepflanzt. Rutenbündel zur Hangbefestigung, Faschinen, werden heute noch genutzt. Einjährige Haselruten wurden zu Flechtwerk im Fachwerkbau, aber auch gespalten für stabile Körbe verwendet. Alte Rezepte empfehlen sie außerdem als Bratspieße. Für vielerlei Zwecke nutzte man das Haselnussholz; insbesondere die gerade gewachsenen, mehrjährigen Haselnuss-Stecken wurden in der bäuerlichen Landwirtschaft verwendet. Haselholz ist zudem ein gutes Brennholz.

Bis ins 20. Jahrhundert war der Einsatz von Haselnussholz zur Herstellung von Fassreifen eine der bedeutendsten Formen der Nutzung. Aus Dauben zusammengesetzte Holzfässer waren eine Erfindung der Kelten und wurden von ihnen wohl schon lange genutzt, bevor sie um 50 v. Chr. in römischen Quellen erstmals Erwähnung fanden. Selbst die Haselholzspäne wurden verwendet, zum Klären wurden sie dem Wein oder Bier beigefügt. Eine besondere, aus dem Mittelalter stammende, aber heute so gut wie vergessene Nutzung war die Herstellung von Vogelschlingen. Diese Bogenfallen bestehen aus einer Haselnussrute, die mit einer Kordel unter Spannung gehalten wird: Ein Teil der Kordel wird mit einem kleinen Stöckchen eingeklemmt, der Rest bildet eine Schlinge. Kleine Singvögel wie Zaunkönige

und Rotkehlchen werden mit Köderbeeren angelockt und dazu verführt, sich auf dem Stöckchen niederzulassen. Dadurch löst sich die Spannung der Rute und die Beine des Tieres verfangen sich in der Schlinge. Der Vogel ist in der Falle gefangen, bis ihn der Vogelfänger abholt. Bogenfallen waren in Europa einst weit verbreitet; heute sind sie überall verboten, was aber nicht ausschließt, dass sie hier und da noch Verwendung finden. Das Haselholz wurde zudem als „Pulverholz" bei der Herstellung von Schwarzpulver eingesetzt, wo es das eigentlich besser geeignete Holz des Faulbaums ersetzte. Das Laub war überdies zur Viehfütterung verwendbar. Alle Teile des Haselstrauchs ließen sich damit einer Verwertung zuführen. Die Hasel war daher in früheren Zeiten das, was heute dringend gesucht wird: die ideale nachwachsende Ressource.

Frühe Kultursorten der Haselnuss

Lambertnüsse und andere kultivierte Formen

In der älteren pomologischen Literatur findet sich vielfach die Vermutung, dass es sich bei der römischen *nux pontica* um die Lambertnuss gehandelt habe. Tatsächlich ist es durchaus möglich, dass Haselnüsse mit langer geschlossener Fruchthülle schon seit der römischen Antike in Italien kultiviert werden. Auch bei uns könnten sie bereits im frühen Mittelalter bekannt gewesen sein. Belegen lässt sich jedoch nur, dass in Oberitalien im 14. Jahrhundert solche Nüsse angepflanzt wurden. So zeigt ein vermutlich um 1350 in Venedig entstandenes Manuskript, das *Compendium salernitanum,*[27] auf zwei Blättern offensichtlich einmal die Lambertnuss mit ihrer langen Fruchthülle und einmal eine Nuss, die hinsichtlich der Fruchthülle zwischen der Waldhasel und der Lambertnuss steht. Die Abbildungen sind, was die botanische Genauigkeit betrifft, noch wenig präzise. Auch das etwas jüngere, in der Österreichischen Nationalbibliothek bewahrte *Tacuinum sanitatis,* eine Arzneidrogenhandschrift des arabischen

Eine der frühesten Darstellungen der Lambertnuss im Tacuinum Sanitatis, *als* Corylus maxima *identifizierbar durch die vollständig eingehüllten Nussfrüchte.*

Arztes Ibn Butlan, enthält als *Auelane* ein Blatt mit der Darstellung einer Lamberthasel in vielstämmiger Wuchsform und mit den charakteristischen, vollständig eingehüllten Nüssen. In anderen illuminierten Exemplaren dieses Werks finden sich ebenfalls Darstellungen mit der typischen langen geschlossenen Hülle. Alle diese Manuskripte sind in Norditalien entstanden. Dort wurde die später als „lombardische Nuss" bezeichnete Art ganz offensichtlich in den Gärten gehalten. Ob die Lambertnuss auch hierzulande schon weit verbreitet war, ist ungewiss. Eher ist zu vermuten, dass sie als Seltenheit in Sammlergärten gezogen wurde. Noch im 19. Jahrhundert wurde beklagt, dass sie bei uns nicht vollständig winterhart sei. Zwischen 950 und 1250 war im nördlichen Europa der Höhepunkt der Mittelalterlichen Warmzeit. Denkbar ist, dass die Lamberthasel von dieser Zeit an vereinzelt gepflanzt wurde. Spätestens im 16. Jahrhundert sind die Botaniker mit ihr dann gut vertraut. Die Kräuterbuchautoren beschreiben sie als „zahme" – das heißt, nur aus Gartenkultur bekannte – Haselnuss und unterscheiden sie von der „wilden" Waldhasel. Selbst auf den einfacheren Holzschnittabbildungen der Kräuterbücher ist sie an ihrer charakteristischen Fruchthülle erkennbar. Auch Abbildungen des Zweigs einer Lambertnuss mit botanischen Details erscheinen um diese Zeit, besonders hervorzuheben ist ein Blatt aus den heute in der Jagiellonischen Bibliothek in Krakau bewahrten *Libri Picturati,* etwa um 1560 in den Niederlanden entstanden.[28] Abgebildet sind darauf außerdem die runden Nüsse der *Nux hispanica,* ebenfalls einer Kultursorte, die zu den Nüssen italienischen Typs gehört.

Im 17. Jahrhundert gab es bereits zwei Sorten der Lamberthasel:

Rote Lambertnuss (*Corylus sativa fructu oblongo rubente* Caspar Bauhin)
Sie ist schon Hieronymus Bock bekannt, der bereits verschiedene deutsche Volksnamen für sie aufzählt; auch Leonard Fuchs (1551) kennt ihre Volksnamen „Rotnuss" und „Ruhrnuss". Es handelt sich dabei um die ursprüngliche Blutnuss, kenntlich am roten Häutchen um den Kern. Sie darf nicht

Lambertnüsse sowie die Früchte von in Südeuropa heimischen großen, runden Nüssen aus den Libri Picturati. *Die Bezeichnung* Auellana hispanica *ist vermutlich eigenhändig von dem Botaniker Carolus Clusius hinzugefügt worden.*

verwechselt werden mit dem heute weit verbreiteten Rotblättrigen Bluthaselstrauch, *C. maxima* 'Atropurpurea'.[29]

Weiße Lambertnuss (*Corylus sativa alba pellicula* Caspar Bauhin**)**
Sie unterscheidet sich durch das weiße Häutchen des Kerns von der Blutnuss. 1737 wird sie in dem Prachtwerk *Phytanthoza-Iconographia* als „Weiße Barth-Nuß" abgebildet.[30]

Der Begriff „Lamperts-Nuß" findet sich 1712 im *Curieusen Natur-Kunst-Gewerck- und Handlungs-Lexicon,* der Autor Johann Hübner versucht sich sogar an einer Erklärung der Wortherkunft und zählt gleich mehrere auf: „Von der Lombardie", „Lampertische, oder von ihrem langen Bart", oder „weil sie um *Lampertie* reiffen" (Lambertustag ist der 18. September).[31] „Lombardische Nuss" wurde sie aber bereits früher genannt, etwa in dem Pflanzenkatalog des Königsberger Botanischen Gartens von 1654.[32] In lateinischer Form ist dieser Name noch mindestens ein Jahrhundert älter: Conrad Gessner[33] nennt 1561 die Lambertnuss selbst *Avellana urbana oblonga,* also „Städtische längliche Haselnuss", und ergänzt, dass sie von anderen *Avellana lombardica* genannt wird. „Städtisch" ist hier zu verstehen als „Kulturform", da sie vermutlich nördlich der Alpen nur in den Liebhaber- und Medizinalgärten der großen Städte gezogen wurde.

Auch von der Waldhasel waren früher Kultursorten bekannt, vermutlich handelte es sich um Selektionen wildwachsender Pflanzen. Einige frühe Autoren, wie der brandenburgische Hofbotaniker Johann Sigismund Elsholtz (1623–1688), vermuteten allerdings, dass die Waldhasel allein schon durch Kulturmaßnahmen bessere Früchte liefert.

Die Große Runde Nuss
Die heute im Piemont gezogene 'Tonda Gentile delle Langhe', allgemein als die wohlschmeckendste aller Haselnuss-Sorten geschätzt, verdankt ihre besondere Qualität vor allem den dortigen klimatischen und geologischen Bedingungen. Ihr Ursprung und ihre Verwandtschaft mit anderen Nüssen können

bis ins 16. Jahrhundert zurückverfolgt werden. Besonders große, runde Nüsse mit leicht kantigem Kern und ausgesprochenem Wohlgeschmack sind aus zahlreichen Quellen belegt:

- *Avellana urbana rotunda* GESNER *Horti Germaniae* (1561)
- *Avellana Lugdunensis major* CAMERARIUS *Hortus medicus et philosophicus* (1588)
- *Corylus sativa fructu rotundo maximo,* CASPAR BAUHIN *Pinax theatri botanici* (1632)
- *Nux avellana sativa alba maximo fructu* PARKINSON *Paradisi in sole paradisus terrestris* (1640)
- *Corylus maxima hispanica* RAY *Historia plantarum* (1693)
- *Corylus hortensis fructu albo rotundo maximo* WEINMANN *Phytanthoza-Iconographia* (1739)
- *Corylus hispanica fructu majore anguloso* BECHSTÄDT *Niedersächsisches Land- und Gartenbuch* (1772)
- 'Römische Nuss' CHRIST *Vollständige Pomologie* (1812)
- 'Größte runde Nuß aus Italien' K. KOCH *Deutsches Obstcabinet* (1857)
- 'Piemonteser Zellernuss' DOCHNAHL *Der sichere Führer in der Obstkunde* (1860)

Schon 1789 wird in der *Deutschen Encyclopaedie* die ausführliche Beschreibung der Sorte unter dem Stichwort „Haselstaude" durch den Hinweis ergänzt, dass diese „Delikatesse" ihre eigentliche Qualität erst in südlichen Regionen erreicht.[34]

Es lässt sich auch vermuten, dass die beiden mit *Avellana hispanica* bezeichneten runden Nüsse neben dem Lambertnusszweig auf der Abbildung in den *Libri picturati*[35] ebenfalls eine frühe Form dieser Sorte darstellen. Eine erste gedruckte farbige Abbildung mit charakteristischen Merkmalen findet sich in Weinmanns *Phytanthoza-Iconographia* (1739), wo sie zusammen mit einigen anderen Haselnuss-Sorten zu sehen ist. Bechstädt (1772) weist überdies darauf hin, dass bei uns aus den Samen von importierten Nüssen gezogene Sträucher selten („unter zehn kaum eine") Früchte tragen, die den Nüssen der Elternpflanze gleichen. Schließlich wird sie als 'Größte runde Nuß

Der Regensburger Apotheker Johann Wilhelm Weinmann kannte 1739 bereits vier Haselnuss-Sorten: außer der Waldnuss (d), der Roten Lambertnuss (b) und der Zellernuss (c) die nicht ganz geglückte Abbildung der Weißen Lambertnuss (a).

aus Italien' in Langethals *Deutschem Obstcabinet* (1857) mit ihren Charakteristika abgebildet – die Darstellung des Kerns darf allerdings als botanisch und künstlerisch misslungen bezeichnet werden. Die 'Römische Nuss' gehört auch zu den Sorten, deren „genetischer Fußabdruck" ermittelt wurde.[36] Als ein Ergebnis zeigt die Studie eine enge Verwandtschaft zu italienischen Nüssen. Die Herkunft des untersuchten Exemplars in Corvallis, Oregon, ist nicht dokumentiert, und die Autoren der Untersuchung vermuten, dass die Sorte aus Italien stammt. Der bei uns seit Langem gebräuchliche deutsche Name belegt jedoch weit eher eine Herkunft von nördlich der Alpen. Die Wege der italienischen 'Tonda Gentile' und der bei uns gezogenen 'Römischen Nuss' dürften sich bereits frühzeitig getrennt haben.

Zellernüsse

Die Bezeichnung „Cellernuss" findet sich erstmals in der deutschen Übersetzung und Bearbeitung von Peter Laurembergs lateinischer *Horticultura* (1632), die der Nürnberger Wolfgang Albrecht Stromer von Reichenbach 1671 unter dem Titel „Die edle Gartenwissenschaft" besorgt hat, danach erscheint sie regelmäßig in Texten zur Obstkultur. Der Rostocker Lauremberg selbst kennt sie offensichtlich noch nicht. Von Stromer stammt auch die später vielfach wiederholte Erläuterung dieser Bezeichnung, dass sich nämlich die Zellernuss vom Kloster Zell (heute Oberzell) bei Würzburg aus verbreitet habe. Stromer unterscheidet sie von der Lambertnuss und der herzförmigen Französischen Nuss. Diese und die Zellernuss sind, wie er schreibt, weiß, die Lambertnuss rot, beides bezieht sich augenscheinlich auf das innere Häutchen. Damit sind neben der Waldhasel die drei Grundtypen der kultivierten Haselnüsse in Deutschland vertreten, die Lambertnuss, die Zellernuss und die runde, weißkernige Nuss aus Südeuropa, die bei uns als Französische, Italienische/Römische oder auch Spanische Nuss bezeichnet wurde. Die türkische Baumhasel *Corylus colurna,* die seit der zweiten Hälfte des 16. Jahrhunderts den Botanikern in Westeuropa bekannt ist, spielte als Fruchtbaum hier niemals eine Rolle.

Haselnuss-Sorten von 1860; fast alle davon sind auch heute noch erhältlich.

Haselzauber – die Hasel in den Überlieferungen

Sie wollten heim, die Leut könnten sonst meinen, sie seien sturm[37] *und redeten mit den Haselstauden.*
Jeremias Gotthelf, Geld und Geist, 2. Kap.

Im Volksglauben der vorchristlichen Zeit, insbesondere im keltischen wie im germanischen Sprachraum, müssen der Haselstrauch und seine Nüsse eine bedeutende Rolle gespielt haben. Über die zugehörigen Bräuche wissen wir allerdings nur das, was mündlich überliefert und erst in späteren Zeiten aufgeschrieben wurde. So ist in *Bald's Leechbook,* einer altenglischen Handschrift aus dem 10. Jahrhundert, die Praxis belegt, Krankheiten von den Kranken mittels Berührung auf einen Haselstecken zu übertragen. Andere Bräuche, die aus frühen Beschreibungen bekannt sind, sind weniger eindeutig als magisch zu charakterisieren. Dass Kampf- oder Gerichtsplätze mit Haselstangen umgrenzt wurden („Haselung"), dürfte neben einer magischen Bedeutung auch der Tatsache geschuldet sein, dass die gerade gewachsenen Haselstecken überall reichlich zur Verfügung standen. Und dass die Haselrute schon in der Frühzeit aus anderen als aus praktischen Gründen als Wünschelrute bevorzugt wurde – sie war nicht nur besonders biegsam, sondern ebenfalls leicht verfügbar –, lässt sich kaum belegen, denn der Gebrauch von anderen Hölzern, selbst von Metall, ist ebenfalls üblich gewesen. Vorschriften zur bevorzugten Verwendung der Hasel als Wünschelrute finden sich erst seit der frühen Neuzeit, als detailreiche magisch-alchemistische Praktiken ihre Blütezeit hatten. Für die vielfach zu findende Behauptung, der Haselzweig sei ein römisches Friedenssymbol gewesen, liegt gleich-

falls kein Beleg vor.[38] Anders als nördlich der Alpen scheint der Haselstrauch im Mittelmeerraum vornehmlich Nüsselieferant gewesen zu sein. Außer den Anwendungen der Haselnuss in der antiken Medizin, vor allem gegen Lungenleiden, gibt es keine Hinweise auf eine Bedeutung, die über die Nutzung als Nahrungsmittel hinausgeht.

Der Brite Jack Timms (gest. 1943) war vor dem Zweiten Weltkrieg ein gefragter professioneller Rutengänger. Nach dem Krieg übernahmen seine Witwe und sein Sohn die Geschäfte.

In der keltischen Mythologie ist die Hasel dagegen in vielerlei Hinsicht präsent. Die frühen schriftlichen Quellen verbinden allerdings wie das *Lebor Gabála Érenn* („Das Buch der Landnahmen Irlands") einheimische Überlieferungen bereits mit christlich geprägten Vorstellungen. In diesen Erzählungen sind der Hasel Wissen, göttliche Inspiration und Dichtkunst zugeordnet und sie steht damit auch für Herrschersouveränität und für die Vermittlerrolle mit dem Göttlichen. Mac Cuill (oder MacColl) war ein mythischer irischer König. Der Name bedeutet „Sohn der Hasel", die religiöse Verehrung des Haselstrauchs wird ihm zugeschrieben: „Sein Gott war der Haselstrauch".[39] Der neunte Buchstabe des altirischen Ogham-Alphabets ᚉ heißt *coll,* die Hasel, mit der Kenning (Umschreibung) „der schönste Baum". *Eamhancholl* ᚙ (‚Haselzwilling') ist ein weiterer Buchstabe der Ogham-Schrift.

Die heilige Quelle der Weisheit, *Connla's Well,* der mythische Ursprung des River Shannon, ist von neun Haselsträuchern umstanden. Ihre Nüsse, die alles Wissen der Welt enthalten, fallen in den Teich und werden von einem Lachs gefressen. Für jede gefressene Nuss erscheint ein rötlichbrauner Fleck auf dem Rücken des Fischs. Der populäre irische Sagenheld Fionn mac Cumhaill, kurz auch Finn MacCool, verbrannte sich beim Braten eines solchen *Bradán Feasa* (‚Lachs des Wissens') den Finger. Fionn steckte seinen Daumen in den Mund, um die Schmerzen zu lindern, wobei alle Weisheit der Welt auf ihn überging.[40]

Die niedergeschriebene Geschichte des Haselstrauchs im christlichen Mitteleuropa beginnt hingegen mit einem ausdrücklichen Verbot: Den gerade erst christianisierten Franken am Übergang von der Völkerwanderungszeit zum Frühmittelalter fiel es offensichtlich schwer, sich von ihren heidnischen Bräuchen zu trennen, so dass in der *Lex Ripuaria,* einer etwa um 750 n. Chr. entstandenen Gesetzessammlung der Merowingerzeit, ein gewisser „Haselzauber" verboten wird.[41] Anscheinend stand die Hasel im Mittelpunkt von bestimmten Fruchtbarkeitsriten. Noch rund 400 Jahre später ist für Hildegard von Bingen der Haselstrauch so sehr mit dem Aspekt der Sexualität verbunden, dass sie als fromme christliche Nonne seine Nut-

zung für medizinische Zwecke missbilligt. Auch wenn sie die aus der Antike überlieferten Anwendungen wiedergibt, so werden ihre Vorbehalte doch deutlich.

Andere Aspekte des Haselzaubers sind eher unklar. So diente die Hasel wohl auch zur Abwehr von Hexen und Dämonen und half beim Auffinden verborgener Schätze. Vielerorts in Europa, besonders aber im bayerisch-österreichischen Raum glaubte man, das Schlagen mit Haselruten helfe gegen die als das personifizierte Böse angesehenen Schlangen, ebenso wie die Hasel auch vor Blitzschlag schützen soll. Heinrich Marzell, der Autor des fünfbändigen *Wörterbuchs der deutschen Pflanzennamen,* hat dieser Verbindung von Hasel und Schlange eigens einen Aufsatz gewidmet,[42] in dem er zahlreiche Belege für den Glauben anführt, dass man eine Schlange durch Schlagen mit einer Haselgerte „bannen" kann, so dass sie bewegungsunfähig wird. Er zitiert dazu allerdings auch Hieronymus Bock, der bereits im *Kreütterbuch*[43] anmerkt, dass das Schlagen mit einem kräftigen Haselstecken auch ohne Magie zum Tod der Schlange führt.

Nicht anders verhält es sich mit dem Zusammenhang zwischen Hasel und erotischen Abenteuern. Er mag durchaus mit uralten magischen Vorstellungen zu tun haben, nicht zuletzt aber auch einfach damit, dass die früher allgegenwärtigen Haselgebüsche und Haselhaine für ein heimliches Rendezvous überaus geeignet waren – nah bei den Siedlungen gelegen, aber unübersichtlich genug, um das Liebespaar vor Entdeckung zu schützen. „In die Haseln gehen" als Umschreibung für eine heimliche Liebschaft ist nur eine der zahlreichen Redewendungen, die ein heimliches Tun im Wald suggerieren. Im Volkslied, in dem sexuelle Bezüge stärker durch eine metaphorische Sprache verborgen werden, ist der Haselstrauch ebenfalls präsent:

Sein Pferdlein das tet im strauchen
wol über ein Haselstauden.

So heißt es in der von Ludwig Uhland aufgeschriebenen Version einer Volksballade[44] über einen vielfachen Mörder und ein von ihm entführtes Mädchen. Schon zuvor war letzteres von einer

Taube auf einem Haselstrauch gewarnt worden. Überhaupt ist es oft die Hasel selbst, die den jungen Mädchen nahelegt, sich nicht auf ein Abenteuer einzulassen. Wie Holunder, Fichte und Wacholder wurde der Haselstrauch als weiblich gedacht und ehrerbietig als „Frau Hasel" angesprochen.[45]

Der Brauch, dass ein Mann einem Mädchen in der Mainacht statt eines Birkenzweigs einen Haselbusch vor die Tür stellt, um sie als „leichtfertig" zu schmähen, ist sogar im Haselnuss-Artikel der Wikipedia erwähnt. Angemerkt werden sollte jedoch nicht nur, dass es sich dabei um eine Verleumdung handeln könnte, sondern ebenso, dass darin vor allem das patriarchale Machtgefälle und die herrschende Doppelmoral zum Ausdruck kommt, die einer Frau zum Vorwurf macht, was ein Mann sich durchaus gestattet. Der Brauch ist bereits 1393 aus der Normandie belegt, allerdings durfte es auch ein Holunder- oder Ebereschenzweig sein, beides Sträucher, die ebenfalls in der Sexual- und Fruchtbarkeitssymbolik eine Bedeutung besaßen.[46] „Es gibt in diesem Jahr viele Haselnüsse" meint viele nicht-eheliche Kinder, kann aber auch einfach heißen, dass es überhaupt viele Geburten gegeben hat; *année de noisettes, année d'enfants* ist die entsprechende französische Redensart. „Aus einer Haselstaude entsprungen" ist dagegen eindeutig eine Anspielung auf eine außereheliche Geburt. Sie findet sich bereits in Christian Reuters *Schelmuffsky* (1696): „Ich müste noch weit was Vornehmers sein, denn meine Augen die hätten mich schon verrathen, dasz ich aus keiner Haselstaude entsprungen wäre".

Darüber hinaus sind die oftmals zu zweien am Strauch sitzenden Haselnüsse ganz unmittelbar Symbole für das männliche Geschlechtsteil, „Klöterbusch" (*Klöter, Klöten,* niedd. ‚Hoden') sagte man in der Gegend um Hamburg zum Haselstrauch, *nuts* ist der entsprechende englische umgangssprachliche Ausdruck. Alle diese Wendungen spiegeln die Ambivalenz, die mit dem Haselstrauch verbunden ist: Warnung vor sexueller Freizügigkeit, aber auch Fruchtbarkeit und erotische Freuden. Dass der Hasel in vielfacher Weise ein hilfreiches Wirken als Geheimmittel in Liebesdingen, also als Aphrodisiakum, zugesprochen wird – sei es durch das Verzehren der Nüsse oder das Einneh-

men von Haselnussöl, bis hin zu dem mittelalterlichen Rezept, dem oder der Geliebten heimlich Haselnusskohle ins Essen zu mischen – wird auch heute noch manchmal zum Lobe der Nuss wiederholt. Wahr daran ist auf jeden Fall, dass die Haselnuss zahlreiche wertvolle Inhaltsstoffe besitzt und demjenigen, der sie verzehrt, zu Gesundheit und körperlicher Kraft verhilft.

Der Haselwurm

Zu den sonderbarsten Erzählungen gehören die Geschichten vom Haselwurm, der zwischen den Wurzeln des Haselstrauchs lebt. Regional können sie sich stark unterscheiden. Die Beschreibungen variieren von der Größe eines Wickelkindes bis zu „18 Schuh Länge", einem katzenähnlichen Kopf oder dem eines Kindes. Seine Stimme klingt wie das Weinen eines Säuglings. Oder es handelt sich beim Haselwurm um eine Art weißer Schlange. Manchmal bewacht er auch einen Schatz. Wer seiner habhaft werden konnte, dem wuchsen übernatürliche Kräfte zu. Verbreitet ist dieses Sagenmotiv von Pommern bis Tirol, wo der Haselwurm noch bis ins 20. Jahrhundert hin und wieder gesehen wurde. „Haselwurm" ist allerdings auch ein Name der Blindschleiche, so dass sich mythische und empirische Vorstellungen vermischen können.[47]

Märchen und Volkslieder

Ein in mehreren Fassungen bekanntes Volkslied, auch von Johannes Brahms vertont als „Das Mädchen und die Hasel“, lässt die „Frau Haselin“ ein Mädchen vor dem unwiederbringlichen Verlust ihres „Kranzes“, das heißt ihrer Jungfernschaft, warnen. Die Hasel als verhüllte erotische Anspielung findet sich in zahlreichen weiteren Liedern wie beispielsweise in dem in Niederösterreich und Oberbayern verbreiteten Volkslied „Sitzt ein klein's Vögelein“:[48]

Sitzt ein klein's Vögelein im Tannenbaum,
Tut nichts als singen und schrein.
Was mag denn das für ein Vöglein sein?
Das muß die Nachtigall sein.

Nein mein Schatz, das ist kein' Nachtigall,
Nein, nein mein Schatz, das darfst nicht glaub'n;
Kein Nachtigall schlägt auf dem Tannenbaum,
Schlägt in den Haselnußstaud'n.

Die Botschaft ist zwar verschleiert, aber durchaus zu verstehen: Der immergrüne Tannenbaum, ein Treuesymbol („wie treu sind deine Blätter“), ist nicht der Baum der Nachtigall, sie singt nur während der Balzzeit, nach der Paarung nicht mehr.

Das Volkslied hat diese Metaphorik nicht erfunden, sondern aus mittelalterlichen Erzählungen übernommen, wo die Haselnuss häufiger in erotischem Kontext erscheint.[49] In für Kinder bestimmten Geschichten ist diese Bedeutungsebene dann ganz ins Positive gewendet, wie im Märchen „Aschenputtel“ in *Grimms Märchen,* ab der Fassung von 1819 enthalten. Der Haselzweig, den

das tugendhafte Mädchen auf das Grab der Mutter pflanzt, erfüllt ihre – durchaus erotischen – Wünsche, die schließlich in einer Ehe mit dem Prinzen münden. Dass man mit dem Haselbusch sprechen kann, entspricht uralten animistischen Vorstellungen. Darin, dass die Hasel Wünsche zu erfüllen vermag, insbesondere in Liebesdingen, liegt der eigentliche Sinn des Haselzaubers.

In folgenden weiteren Märchen spielen Haseln eine Rolle:

- „Die Haselrute" – Kinderlegende im Anhang der Grimm'schen *Kinder- und Hausmärchen*, zurückgehend auf eine Volkssage aus Vorarlberg
- „Die Haselnüsse" – ein moralisierendes Kunstmärchen, in: Karoline Stahl: *Fabeln, Mährchen und Erzählungen für Kinder*. Nürnberg 1816

Gleich drei Märchen, in denen Haselstrauch oder Haselnüsse vorkommen, finden sich außerdem in Ludwig Bechsteins Märchenbüchern, dem *Deutschen Märchenbuch* und dem *Neuen deutschen Märchenbuch*: „Aschenbrödel" (eine Aschenputtel-Variante), „Das Nusszweiglein" und „Die drei Nüsse".

Drei Haselnüsse für Aschenbrödel

Dieser Märchenfilm – eine ČSSR-DDR-Koproduktion aus dem Jahre 1973 – erzählt eine etwas veränderte Version des Märchens „Aschenputtel" der Brüder Grimm. Er basiert auf dem gleichnamigen, um 1845 entstandenen Kunstmärchen der tschechischen Autorin Božena Němcová. Die „drei Haselnüsse" sind eine Hinzuerfindung, die das alte Motiv der Hasel als Wunschinstrument und die verhüllt erotischen Anspielungen noch verstärkt. Von anderen Versionen des Märchens unterscheidet sich die zugrunde liegende Geschichte darin, dass Aschenbrödel ihr Schicksal selbst in die Hand nimmt. Die zauberkräftigen Haselnüsse helfen ihr dabei, sich gegen die ungerechten Bedingungen ihres Daseins

Während im Grimm'schen Märchen der zaubermächtige Haselstrauch Aschenputtel zu seinem Glück verhilft, sind es in Němcovás Version – und im darauf basierenden Weihnachts-Filmklassiker – die drei magischen Nüsse.

zur Wehr zu setzen. Als Kultfilm fester Bestandteil des Weihnachtsprogramms, wird er seit Jahren regelmäßig von Fernsehsendern in Tschechien, der Slowakei, Deutschland, Norwegen und der Schweiz zur Weihnachtszeit ausgestrahlt. Dass er in der Tradition des uralten Haselzaubers steht, dürfte der weit überwiegenden Mehrheit der Fernsehzuschauer nicht bewusst sein.

Schwarzbraun ist die Haselnuss

Schwarz-braun ist die Haselnuss,
schwarz-braun bin auch ich, ja ich,
schwarz-braun muss mein Mädel sein, gerade so wie ich.

Dafür, dass eine unterschwellige Bedeutung auch verloren gehen kann, findet sich ebenfalls ein Beispiel. „Schwarzbraun ist die Haselnuss“, ein süddeutsches Volkslied, das seit dem späten

18. Jahrhundert bekannt ist, handelt von der Sehnsucht nach einem „schwarz-braunen Mädel". Zunächst kann man nicht umhin zu bemerken, dass die Haselnuss keineswegs schwarzbraun ist, sondern eher am anderen Ende der Braunskala zu finden, nämlich im Bereich eines hellen, sogar etwas rötlichen Brauns, – „haselnussblond" wäre demnach passender. Das „schwarz-braune", gemeint ist das dunkelhaarige, temperamentvolle Mädchen hingegen ist die erotische Wunschfigur vieler Männer. Die Erwähnung der Haselnuss ergibt nur deshalb Sinn, weil sie als erotische Andeutung verstanden wird. So erklärt sich auch, weshalb dieses Lied zu einem der Lieblingslieder deutscher Soldaten im Zweiten Weltkrieg wurde. „Schwarzbraun" allerdings hat seither eine ganz andere Bedeutung angenommen. Die Farbe Braun wird nun eher als Symbol des Nationalsozialismus wahrgenommen. In einer Szene der Filmkomödie „Otto – Der Film" (1985), in der der Komiker Otto Waalkes den Schlagersänger Heino parodiert, ergibt sich die Pointe aus dem Zusammenspiel von Landserlied und der Farbe Braun sowie dem Missbrauch des deutschen Volksliedguts in der Propaganda des Dritten Reichs. Mittels auf den ersten Blick harmlos erscheinender Elemente – kein Text außer dem des Lieds, mehrere Heino-„Zombies", die aus Gräbern kriechen, zackiger Rhythmus – wurde nicht nur die alte explizite Aussage des Liedes, sondern auch die suggerierte erotische Bedeutung vollständig verdrängt und durch eine neue Botschaft ersetzt. Einzig der Bezug zur „braunen" Vergangenheit bleibt erhalten. In diesem Kontext ist die Haselnuss selbst ganz und gar ihrer Bedeutung beraubt, dem Zuhörer sagt sie nichts mehr. – Befürchtungen, dass „Schwarzbraun ist die Haselnuss" ein nationalsozialistisches Lied sei, gab es allerdings schon früher. Bereits in dem autobiografischen Bericht „Die Revolution entlässt ihre Kinder" (1955) von Wolfgang Leonhard findet sich dazu eine Bemerkung. In der sowjetischen Kominternschule, die der spätere Historiker Leonhard während des Zweiten Weltkriegs eine Zeit lang besuchte, wurde das Lied auch gern von den deutschsprachigen kommunistischen Kursteilnehmern gesungen. Es war, wie Leonhard schreibt, auf Nachfrage von höherer Stelle als unbedenklich eingestuft.

Traditionelle Nutzung der Haselsträucher

Traditionelles Handwerk

Eine ganze Reihe von Nutzungsmöglichkeiten des Haselstrauches ist bereits erwähnt worden. Manche davon sind heutzutage verschwunden, wie die Herstellung von Bogenfallen oder die bis ins 20. Jahrhundert übliche Nutzung als Fassreifen. Die Verwendung der armdicken mehrjährigen Ruten als Baumaterial erscheint kaum mehr zeitgemäß, die typischen Körbe aus gespaltenen einjährigen Ruten sind in der Landwirtschaft so gut wie nicht mehr in Gebrauch. Die Korbflechterei, die jahrhundertelang mit ihren leicht zu beschaffenden Rohmaterialien gerade den ärmsten Teilen der Bevölkerung ein zusätzliches Einkommen verschaffte, existiert zwar heute weiter als besonderes, nicht mehr allzu häufig ausgeübtes Kunsthandwerk, der Umfang des benötigten Rohstoffs ist aber so gering, dass eine Bewirtschaftung von größeren Flächen dafür nicht mehr nötig ist. Daher sind die Haselnuss-Niederwälder früherer Zeiten heute so gut wie überall Hochwäldern oder anderweitig genutzten Flächen gewichen. Wie beispielsweise auch bei den Kopfweiden ist es daher notwendig, mit entsprechenden Naturschutzmaßnahmen die Erhaltung zu unterstützen.

Erstaunlicherweise sind Haselnussgeflechte in den letzten Jahren in naturnah gestalteten Gärten wieder zu einiger Popularität gelangt. Im freien Land haben sie eine ungefähre Lebensdauer von zehn Jahren. Anders als Gartenelemente aus druckimprägniertem Holz lassen sie sich danach ökologisch einwandfrei entsorgen. Die Tatsache, dass es sich um eine nachwachsende Ressource handelt, macht diese Art der Verwendung aus Sicht des Naturschutzes sinnvoll. Unter diesem Aspekt sind auch all

diejenigen Überbleibsel alter Verwendungsarten zu würdigen, die hier und da noch gepflegt werden. Alfons Bange aus Brilon im Sauerland gehört zu den wenigen verbliebenen Haselflechtern im deutschsprachigen Raum. In Österreich hat sich die Tradition in Anras im Pustertal (Osttirol) erhalten, dort gibt es noch einige Flechter, keiner von ihnen ist jünger als 65 Jahre.

Ein Schaukelstuhl aus Haselholz mit Haselgeflecht von Peter Harder (Orsingen).

Zum Ausfegen der Ställe, zum Säubern von Scheune, Hof und Wegen wurden auf Bauernhöfen Reisigbesen täglich verwendet, in einem Jahr wurden auf einem Hof gut und gerne zwanzig und mehr davon verbraucht. Hans Heinzmann aus Gutach im Schwarzwald stellt noch Reisigbesen her, die mit gewickelten Ringen aus Haselnuss gebunden sind. Die Reiser stammen von der Birke, der Stiel ist ebenfalls aus Haselholz. Er ist an einem Ende grob zugespitzt und wird in das fertige Reisigbündel gerammt, was noch zur Verstärkung beiträgt. Da die Besen nicht mit Draht gebunden sind, ist auch hier die Ökobilanz besser als selbst bei den moderneren Besen dieses Typs. Reste eines 300 Jahre alten Reisigbesens mit Haselring fand man bei Ausgrabungen am Markt in Paderborn in einem Bereich, der zur damaligen Zeit als Latrine eines Nonnenklosters diente. Haselnuss-Schalen, die ebenfalls dort gefunden wurden, geben überdies Zeugnis davon, dass die Nonnen die Nüsse auch aßen.

An der Mosel war in früheren Zeiten die „Raz" in Gebrauch, eine Kiepe, also ein Rückentragekorb, in dem in den Wintermonaten der Stallmist zur Düngung der Weinstöcke in die steilen Weinberglagen befördert wurde. Razen werden aus geschälten Haselnuss-Stöcken gebunden. Die abgeschälte Rinde dient zum Binden. Heute werden Razen noch von den „Lehmer Razejun-

Nieheimer Flechthecke im frischen Frühjahrsaustrieb ...

gen" hergestellt, einem Verein, der sich um den Erhalt der traditionellen Anbaumethoden an der Terrassenmosel kümmert.

Noch immer werden hochwertige Wanderstöcke aus Haselholz gefertigt. Als Knauf dient oftmals der polierte Wurzelhals. Bei einem anderen Typ ist das Holz zu einem Rundhaken gebogen, auf jeden Fall aber sollte der Stock „rindenecht" belassen sein. Auch der traditionelle, etwa 1,70 m lange „Staxelstecken" der Bergwanderer, die Alpenstange, ist aus Haselholz hergestellt.

Nieheimer Flechthecken

Flechthecken waren früher in ganz Europa verbreitet. Sie dienten wie andere ländliche Hecken der Einfriedung von Weideland und dem Windschutz. Besonders im Winter, wenn sie ihr Laub verloren haben, wird ihre Ähnlichkeit zu einem Zaun sichtbar, allerdings entstehen sie auf ganz eigene Weise, nämlich ohne eigentliche Zaunpfosten. Ihre Stabilität verdanken sie

der besonderen Struktur des Flechtwerks. Eine Flechthecke besteht aus einreihig gepflanzten Haselsträuchern. Nach drei bis fünf Jahren wird die Hecke im Spätwinter ausgedünnt. Einige stärkere Stöcke bleiben stehen, werden in Brusthöhe abgesägt und dienen als Pfosten. Die verbliebenen Ruten werden in etwa 1,50 m Höhe heruntergebogen, in drei waagerechten Lagen miteinander verflochten und mit jungen Weidenschösslingen zusammengebunden. Die Knoten befinden sich dabei immer auf der Eigentümerseite. Die in den folgenden Jahren nachwachsenden Ruten werden, sofern sie nicht geschlagen und für andere Zwecke genutzt werden, immer wieder gebogen und mit den vorjährigen Trieben verknotet. Alle sechs bis zehn Jahre müssen die Hecken ausgelichtet und alle zehn bis fünfzehn Jahre neu eingebunden werden. Zu ihrer Zeit brachten die Flechthecken gleich mehrfachen Nutzen. Die Erstellung war preiswert, denn es fielen für den Bauern keine Kosten an, nur die eigene Arbeitskraft war nötig; wichtige Ressourcen, etwa Holz für Pfosten, wurden nicht verbraucht. Andererseits lieferte die Flechthecke Nutz- und Brennholz, außerdem Laubfutter für das Vieh und Nüsse als Ergänzung der täglichen Nahrung.

... und hier spätherbstlich unbelaubt; die ehemals weit verbreitete handwerkliche Technik des Heckenflechtens wird heute nur noch an wenigen Orten ausgeübt.

Nicht nur diese Nachhaltigkeit ist aus heutiger Sicht ein großer Vorzug, Flechthecken beherbergen eine vielfältige Pflanzenwelt und sind ein hervorragender Lebensraum für Kleintiere. Igel, Hasen, Siebenschläfer, auch Haselmäuse und Rebhühner finden Brut- und Nistplätze. Zahlreiche weitere Vogelarten fühlen sich hier wohl, die Brutdichte ist ausgesprochen hoch.

Die Technik des Flechtens ist allerdings in dem Maße in Vergessenheit geraten, wie sich mit industriell erzeugten Materialien – insbesondere Stacheldraht – gefertigte Weidezäune gegenüber der bäuerlichen Eigenproduktion durchsetzten. Nur an wenigen Stellen hat sich die ehemals in Europa weit verbreitete, durch die Nutzung von gewachsenen Naturmaterialien gekennzeichnete alte Kulturtechnik noch erhalten. Im Raum Nieheim im Weserbergland wird sie bis heute gepflegt. Belegt ist die Existenz von Flechthecken dort seit Mitte des 17. Jahrhunderts. Der Heimatverein Nieheim hat mit Erfolg versucht, das Flechtheckenbinden lebendig zu halten, und erreicht, dass es 2018 in das *Bundesverzeichnis Immaterielles Kulturerbe* aufgenommen wurde.[50] Flechthecken kann man außer in Nieheim und Umgebung noch im nicht weit entfernten Freilichtmuseum Detmold anschauen, dort wird in der Saison auch das Flechtheckenbinden gezeigt.

Pomologie der Haselnuss – von Haselnussfreunden und Pomologen

Die Haselnuss gehört auf den ersten Blick nicht zu den Obstarten, die in der Pomologie, also der Obstbaumkunde, eine Hauptrolle spielen. Anders als etwa das Strauchbeerenobst, das bei uns lange Zeit vernachlässigt wurde, sind Haselnüsse jedoch sehr wohl, zumindest in Deutschland und Großbritannien, schon früh als bedeutende Kulturfrucht wahrgenommen worden. Die ersten sehr kurzen Sortenbeschreibungen findet man bereits in den Kräuterbüchern der frühen Neuzeit, meist werden sie von einfachen Holzschnitten begleitet, die nur in Ausnahmefällen, wie etwa bei der Lambertnuss, über Sortencharakteristika Aufschluss zu geben imstande sind.

Sucht man nach Werken, die zur Identifikation historischer Sorten beitragen können, so bietet es sich an, mit der *Phytanthoza-Iconographia* (1737–1745), dem botanischen Prachtwerk des Regensburger Apothekers Johann Wilhelm Weinmann (1683–1741), zu beginnen. Erstmalig werden in farbigen Abbildungen mehrere Sorten im Vergleich dargestellt. Es sollte zwar noch lange dauern, bis die Details, die die Haselnuss-Sorten charakterisieren, hinreichend präzise wiedergegeben werden, aber die Grundformen Waldhasel, Zellernuss und Bartnuss (Lambertnuss) sind bereits bei Weinmann vorhanden. Als vierte Nuss findet sich bei ihm die Weiße Bartnuss, eine der ältesten, in Europa gezogenen Sorten. Als Apotheker beschreibt er auch die medizinischen Anwendungen seiner Zeit: Besonders die Einnahme der aus dem

Holz des Haselstrauchs destillierten Wässer und ätherischen Öle galt als hilfreich bei unterschiedlichsten Beschwerden, bis hin zur Melancholie. Weinmann selbst steht ihnen allerdings eher skeptisch gegenüber. Etwas mehr verspricht er sich von Arzneien aus Misteln *(Viscum album* subsp. *album),* die auf Haselsträuchern gewachsen sind. Vom „vegetabilischen Schwefel", wie er den Pollen nennt, der – oftmals in großen Mengen auf Teichen und Pfützen schwimmend – vom Aussehen her dem kristallinen Schwefel ähnlich ist, hält er nichts, obwohl, wie er schreibt, andere darin ein „Arcanum", also ein Geheimmittel sehen. In Pflanzenheilkunde und Homöopathie hat sich von diesen damals bekannten medizinischen Anwendungen das eine oder andere bis heute erhalten.

Zu Weinmanns Sorten sollten sich bis zum Ende des 18. Jahrhunderts nur wenige neue hinzugesellen, im 19. Jahrhundert erreicht dann jedoch die Züchtung neuer Haselnuss-Sorten einen Höhepunkt – nicht zuletzt dank dem Einfluss zweier ausgewiesener Haselnussfreunde. Schon Mitte des 18. Jahrhunderts, 1757, wurde eine Nuss gezüchtet, die bis heute aus dem weltweiten Haselsortiment nicht wegzudenken ist, die 'Gunslebener Zellernuss'. In vielen Ländern, manchmal auch bei uns, heißt sie 'Gunslebert' – ihr französischer Name, unter dem sie sich außerhalb Deutschlands verbreitete. Pastor **Samuel D. L. Henne** (gest. 1780) aus Gunsleben hatte sie aus Sämlingen selektiert, die er bei der Aussaat einiger besonders großer Nüsse erhalten hatte. Henne war weniger Pomologe als praktischer Obstzüchter. Bekannt wurde er mit einem Werk über die Anlage von Baumschulen, das mehrfach wiederaufgelegt wurde.[51]

In den allgemeinen Pomologien taucht die Hasel erstmals bei dem bedeutenden Pomologen Johann Ludwig Christ (1739–1813) auf. Seine *Vollständige Pomologie* (2. Band, 1812) beschreibt die Haselnuss-Sorten seiner Zeit und stellt auf zwei Tafeln zehn Sorten in Abbildungen vor; die Darstellungen sind aber aus pomologischer Sicht wenig befriedigend. 1826 werden in einer Liste der Horticultural Society of London bereits 30 Sorten von *Corylus avellana* aufgezählt, darunter zahlreiche regionale Formen. Nachfolgende Autoren gehen ebenfalls auf die Haselnuss ein, doch es dauert fast 50 Jahre, bis Abbildun-

Die mittlerweile mehr als 250 Jahre alte Sorte 'Gunslebener Zellernuss' wird bis heute weltweit angebaut.

gen von Haselnuss-Sorten wieder in Obstbau-Werken erscheinen. In dem von Christian E. Langethal 1858 herausgegebenen *Deutschen Obstcabinet* werden dann 30 Sorten von Haselnüssen in ganzseitigen Abbildungen vorgestellt. Auch wenn Beschreibungen und Abbildungen in dieser Zeit heutigen Ansprüchen an die Genauigkeit in der Regel noch nicht ganz gerecht werden, steht damit dennoch bis heute ein Hilfsmittel bei der Bestimmung und Einordnung alter Sorten zur Verfügung. Nicht nur die Sortenechtheit kann man anhand der Darstellung überprüfen, es lassen sich mittels dieser älteren pomologischen Literatur auch Züchter und die regionale Herkunft ermitteln.

Das große Interesse an der Haselnusskultur schlug sich in Deutschland und Österreich vor dem Ersten Weltkrieg in einer Reihe von Publikationen nieder, die sich ausschließlich mit der Haselnuss befassen. Im 20. Jahrhundert sollten dann Veröffentlichungen zu Haselnüssen in so großer Zahl erscheinen, dass dazu 1978 eine eigene Bibliografie herausgegeben worden ist, Herbert Wilhelm Debors *Bibliographie des internationalen Haselnuß-Schrifttums*. Einige der bedeutendsten Beiträge zur Pomologie der Haselnuss kamen von zwei Männern, deren Arbeit als Züchter die Entwicklung der Haselnuss als Kulturpflanze nicht nur entscheidend mitbestimmte, sondern die auch als Autoren dazu beitrugen, dass Haselnüsse als wichtiges Erzeugnis im Obstanbau wahrgenommen wurden.

Carl Gottlieb Büttner – Der erste Haselnussfreund

Von 1794 bis 1804 erschien im Verlag des Industrie-Comptoirs in Weimar erstmals eine deutsche Obstbauzeitschrift, *Der teutsche Obstgärtner*, herausgegeben von dem Pfarrer Johann Volkmar Sickler (1742–1820) aus Kleinfahner bei Gotha. Zu den regelmäßigen Autoren gehörte Stiftsamtmann Carl Gottlieb Büttner (1744–1808) aus Halle, ein namhafter Obstzüchter und Pomologe. 'Büttners rote Knorpelkirsche' ist auch heute noch bekannt. Zu den Haselnüssen gab es von ihm mehrfach Beiträge, in denen er neben allgemeinen Erläuterungen das damalige Haselsortiment mit ganzseitigen Abbildungen von Haselnüssen

Wie die 'Gunslebener Zellernuss' ist auch Büttners 'Hallesche Riesennuss' noch immer eine der am häufigsten gepflanzten Sorten.

vorstellte, darunter seine eigenen Züchtungen 'Hallesche Riesennuss' und 'Volle Zellernuss'. Die 'Hallesche Riesennuss' zählt bis heute zu den Sorten des Standardsortiments. Auf den Tafeln im *Teutschen Obstgärtner* sind jeweils ein Blatt, der Fruchtstand mit den Nüssen in ihrer Hülle sowie eine Frucht und der Kern zu sehen; sie waren damit Vorbild für künftige Darstellungen.[52] Der Herausgeber Sickler und der Verleger Friedrich Justin Bertuch ließen von vielen Obstsorten Wachsmodelle anfertigen, das sogenannte „Pomologische Kabinett". Darunter war auch das Modell einer Haselnuss. Obwohl sich die Modelle gut verkauften, sind nur wenige der empfindlichen Objekte noch in Sammlungen vorhanden, die Haselnuss gehört wohl nicht dazu.

Der Held der Haselnüsse – Theodor Heinrich Otto Burchardt (1771–1853)

Der Königliche Justiz-Commissions-Rat in Landsberg an der Warthe (jetzt Gorzów Wielkopolski, Polen)[53] ist heute vor allem noch als Züchter der Apfelsorte 'Landsberger Renette' bekannt. Schon als junger Mann beschäftigte er sich mit der Obstkultur und veröffentlichte dazu ein bibliografisches Werk, die *Pomologische Bibliothek* (1806), das von einem anderen Büttner, dem seinerzeit bekannten Pomologen Johann Büttner, herausgegeben wurde.[54] Den Grundstock seiner späteren einmaligen Haselnuss-Sammlung erhielt Burchardt dann von Carl Gottlieb Büttner, neben den beiden Büttner'schen Züchtungen noch Pastor Hennes 'Gunslebener Zellernuss' sowie die 'Frühe lange Zellernuss'.

Im Laufe seines Lebens trug Burchardt mehr als 1000 Haselnussbüsche in 141 Sorten zusammen. Seinem Zeitgenossen, dem Pomologen Friedrich Jakob Dochnahl, mit dem er regen Austausch pflegte, galt er als „der Held der Haselnüsse". Dochnahl hielt Burchardts Sammlung wohl zu Recht für die „größte auf dem Erdball". Vielfach wurde Burchardt gedrängt, seine Erfahrungen und Erkenntnisse in einem Buch zusammenzufassen, dazu ist es jedoch niemals gekommen. Allerdings hat er zwei im Abstand von acht Jahren erschienene Artikel für

die Zeitschrift des preußischen Gartenbauvereins verfasst, in denen er seine Kenntnisse und Erfahrungen vermittelt.[55] Die unschätzbare Sammlung von Mutterpflanzen ließ Burchardts ältester Sohn, der eine Abneigung gegen die Obstzucht hatte, gleich nach dessen Tod roden und die Jungpflanzen namenlos verkaufen. Auch Burchardts Aufzeichnungen sind von ihm vernichtet worden, bevor Dochnahl sie aufkaufen konnte, und ebenso – der bei Weitem größte Verlust – die Sammlung von Haselnussfrüchten, das von Burchardt angelegte „Nusskabinett". Dochnahl schreibt allerdings auch, dass Burchardt selbst seine Büsche nicht gekennzeichnet habe, sondern nur aus dem Gedächtnis kannte, seine Mutterpflanzensammlung war daher nach seinem Tod tatsächlich wohl mehr oder weniger wertlos.

Theodor Heinrich Otto Burchardt (1771–1853), der „Held der Haselnüsse".

In seinem ersten Artikel nimmt Burchardt eine kritische Sichtung der bisherigen Literatur vor und beschreibt das seinerzeit aktuelle Sortiment. Im dem späteren widmet er sich verschiedenen Aspekten der Haselnusskultur. Er hat überdies Dochnahl eine handschriftliche Liste der 119 von ihm gezogenen Sorten überlassen, die dieser 1854 nach Burchardts Tod in der Zeitschrift *Pomona* veröffentlicht hat.[56] Darunter sind allein 61 eigene Sämlinge. Burchardts 'Lange Landsberger' gehört noch immer zum Standardsortiment. Zusammen mit anderen Pomologen versuchte Dochnahl, diese einmalige Sammlung wieder zusammenzuführen und rief seine Leser dazu auf, noch vorhandene Sorten beizusteuern. Das ist nicht in jeder Hinsicht gelungen. So war bereits 1887 dem Autor des deutschen Standardwerks über Haselnüsse *Die Haselnuss: ihre Arten und ihre Kultur*, Franz Goeschke, die Herkunft mancher Sorten, die in Burchardts

Die 'Lange Landsberger' ist Burchardts bedeutendste Haselnuss-Züchtung. Daneben existieren aber zahlreiche weitere Sorten, die er entweder selbst gezüchtet oder in Umlauf gebracht hat.

Liste als eigene Züchtungen erscheinen, nicht mehr bekannt. Eine ganze Reihe von Burchardt'schen Sorten ist jedoch noch vorhanden, nicht nur in Sammlungen oder Genbanken, sondern auch im Sortiment von spezialisierten Baumschulen.

Andere Züchter und Haselnussexperten

Eine Vorstellung von der Burchardt'schen Sammlung vermittelt das *Deutsche Obstcabinet* (1858): Noch von Burchardt bestimmte Haselbüsche aus der Obstbaum- und Gehölzschule des Oberförsters **August Friedrich Schmidt** (1799–1876), Blumberg bei Radekow in Pommern, und seines Schwiegersohns **Johann Hafner** lieferten die Vorlagen für die meisten der dargestellten Sorten. Neben Dochnahl ist es vor allem diesen beiden zu verdanken, dass Burchardts Sammlung wenigstens in Teilen rekonstruiert werden konnte.[57] Der Haselnuss-Abschnitt des *Deutschen Obstcabinets* wurde von dem Botaniker **Karl Koch** herausgegeben, von dem auch die Beschreibung der Pontischen Nuss stammt. Koch besaß in Jena selbst Haselnuss-Sträucher in 54 Sorten, überdies hatte er Schmidts Nusskabinett übernommen. In dieser Sammlung von Nuss-Früchten waren die reifen Nüsse zusammen mit ihren Blättern in der Art eines Herbariums zusammengestellt. Ein weiterer erfolgreicher Haselnusszüchter war der Großherzogliche Garteninspektor **Carl Reinhold Peicker** (1832–1921) aus Hertwigswalde.[58] Auf ihn gehen die beiden noch erhältlichen Sorten 'Vollkugel' und 'Louisens Zellernuss' zurück, außerdem die 'Neue Riesennuss', die noch in der US-amerikanischen Genbank (National Clonal Germplasm Repository) in Corvallis, Oregon, vorhanden ist.

Der Blumberger Oberförster August Friedrich Schmidt (1799–1876), einer der besten Haselnusskenner seiner Zeit.

Zu den erfolgreichsten Züchtern gehörte der Engländer **Richard Webb.** Seine Baumschule Calcot Garden bei Reading umfasste einen vier Hektar großen ummauerten Gartenteil, der mit Haselnuss-Sträuchern bepflanzt war. Webb benannte die von ihm gezüchteten Sorten nach der internationalen Prominenz seiner Zeit – 'Garibaldi', 'Daviana' (nach dem Chemiker Humphry Davy), 'Princess Royal' und 'Imperatrice Eugenie' existieren noch. Allerdings wird seinen Sorten nachgesagt, dass sie

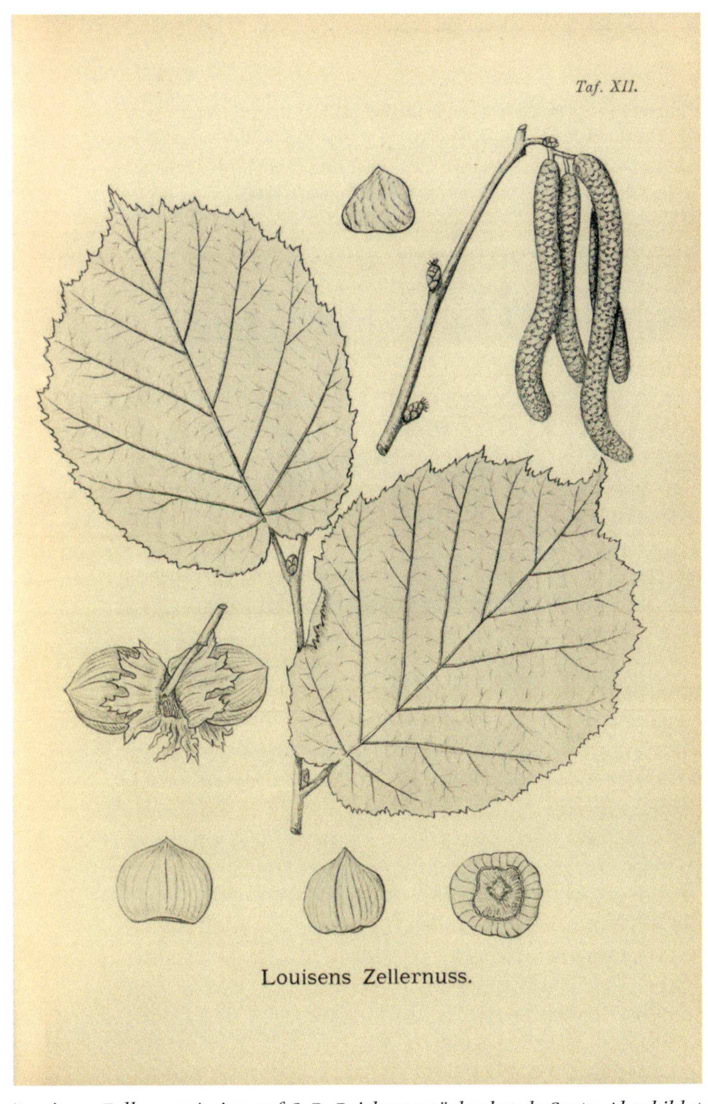

'Louisens Zellernuss', eine auf C. R. Peicker zurückgehende Sorte. Abgebildet in Die Haselnuss *von Franz Goeschke – bis heute das Standardwerk über Haselnüsse nicht nur für Pomologen, sondern auch für Botaniker.*

alle der alten 'Kentish Cob' sehr ähnlich seien, was sich auch durch molekulargenetische Untersuchungen bestätigt hat.

Das Buch *Der Haselstrauch und seine Kultur* (1881) von **Heinrich Wilhelm Palandt** (1820–1896), dem als Pomologe weithin bekannten Inspektor des Lutherischen Waisenhauses in Hildesheim, war wohl die erste Monografie ausschließlich über die Gattung *Corylus*. Nur wenig später sollte *Die Haselnuss, ihre Arten und ihre Kultur* (1887) von **Franz Goeschke** folgen, einem Sohn des namhaften deutschen Erdbeerzüchters Gottlieb Goeschke (1818–1898) aus Köthen. Von 1874 bis 1903 war Franz Goeschke am Pomologischen Institut in Proskau tätig, zunächst als Obergärtner, später als Gartenbaudirektor. Bekannt wurde er als Züchter der Erdbeersorte 'Königin Luise', die viele Jahrzehnte in Deutschland zum Hauptsortiment gehörte, und als Verfasser des Werks *Das Buch der Erdbeeren*, einer der verlässlichsten Quellen zur Erdbeerzucht des 19. Jahrhunderts. Das Haselnussbuch erschien bereits vor dem Erdbeerbuch, ein zwar weniger bekanntes Werk, jedoch von demselben hohen Niveau. Es kann noch immer als Referenz für alle älteren Sorten von Haselnüssen gelten. Die schwarzweißen, im damals neuartigen Lichtdruckverfahren nach Zeichnungen des Autors hergestellten Abbildungen sind zur Identifikation historischer Sorten bis heute unverzichtbar. Noch 35 Jahre später (1922) ist das Werk zusammen mit dem Text von Karl Koch aus dem *Deutschen Obstcabinet* ins Englische übersetzt worden. Das Typoskript der Übersetzung befindet sich in der Cornell University und ist unter dem Titel *The Hazel* für amerikanische Leser im Internet zugänglich, als Buch ist es allerdings nie erschienen. Auch das originale Werk ist digitalisiert und mittlerweile frei zugänglich.

Von dem Beerenobstzüchter **Louis Maurer** in Jena ist zwar bekannt, dass er eine Sammlung von geschätzt 60 bis 100 Haselnuss-Sorten hatte, über Züchtungen von ihm war jedoch nichts in Erfahrung zu bringen. 1899 stellte er zusammen mit Goeschke für den Pomologen-Verein ein Sortiment der aus beider Sicht bedeutendsten Haselnuss-Sorten vor. Das Werk *Die Haselnuß, ihre Kultur und wirtschaftliche Bedeutung* (1902) des Professors für Pflanzenzucht an der Königlich Böhmischen

Landwirtschaftlichen Akademie Tetschen-Liebwerd, Emanuel Gross, befasst sich mit dem Anbau unter den geografischen und klimatischen Bedingungen im damaligen, zu Österreich-Ungarn gehörigen Königreich Böhmen. Zur Kultur von Haselnüssen und anderen Arten von Nüssen sind in Deutschland auch danach zahlreiche Bücher und kleinere Broschüren veröffentlicht worden, teils noch während des Zweiten Weltkriegs, als die Sicherstellung der Versorgung mit hochwertigen Nahrungsmitteln eine vorrangige Aufgabe nicht nur des kommerziellen Landbaus, sondern auch für Selbstversorger war. Der Haselnussanbau ist allerdings seither bei uns immer mehr zurückgegangen. Heute wird der Verbrauch bei uns zum allergrößten Teil durch Importe gedeckt. In den letzten Jahrzehnten bemüht man sich wieder mehr um den regionalen Anbau, insbesondere in der ökologischen Landwirtschaft. In Bayern haben sich Haselnussanbauer zum Verein Bayerischer Haselnusspflanzer e.V. mit derzeit 71 Mitgliedern zusammengeschlossen. Die größten Haselnuss-Plantagen in Deutschland befinden sich in Dürrweitzschen in Sachsen. Seit 2005 wurden dort auf einer Fläche von derzeit 43 Hektar 36.500 Haselnussbäume, das heißt auf *Corylus corluna* veredelte Exemplare, gepflanzt. Ein Großteil der Ernte wird von dem Thüringer Süßwarenhersteller Viba zu Nougatspezialitäten weiterverarbeitet.

Die Wertschätzung der Haselnuss als Obststrauch war zunächst eine vornehmlich britische und deutsche Angelegenheit. Mit der Zunahme an wirtschaftlicher Bedeutung begannen auch die Pomologen und Obstbauwissenschaftler anderer Länder, sich näher mit der Thematik auseinanderzusetzen. Das derzeitige Standardwerk ist *Le noisetier* (2004) von Eric Germain und fünf weiteren Autoren, allesamt Wissenschaftler der französischen staatlichen Institutionen *Institut national de la recherche agronomique* (INRA), *Centre technique interprofessionnel des fruits et légumes* (CTIFL) und *Agence Nationale des Parcs Nationaux* (ANPN), was den hohen Stellenwert belegt, der heute in Frankreich der Haselnusskultur zukommt. Das Werk ist vor allem an Haselnuss-Erzeuger gerichtet und befasst sich mit wirtschaftlichen, botanischen und physiologischen Aspekten

sowie modernen Anbaumethoden, bis hin zur Behandlung der Haselnüsse nach der Ernte. Andere Länder mit einem großen Interesse an wissenschaftlichen Fortschritten in der Haselnusskultur sind die USA, Italien und die Türkei.

Haselnüsse im Hausgarten

Wer Haselnüsse nur vom winterlichen Nüsseknacken vor dem Kamin oder sogar nur als Zutat in Kuchen und Süßigkeiten kennt, wird erstaunt sein, wie groß die Zahl der Haselnuss-Sorten tatsächlich ist. Eine solche Sortenvielfalt entsteht, ebenso wie bei vielen anderen Arten von Früchten, wenn eine Pflanze in weiten Teilen der Welt verbreitet und überdies schon sehr lange in Kultur ist. Allein für Deutschland zählt das Bundessortenamt rund 100 Sorten auf, allerdings sind darunter auch solche, bei denen fraglich ist, ob sie tatsächlich noch vorhanden sind. Anfangs wurden Sträucher, die die höchsten Erträge lieferten, oder jene, die die größten Früchte trugen, ausgewählt und weiter vermehrt, vielleicht auch diejenigen, die sich durch einen besonders guten Geschmack auszeichneten. Keineswegs nebensächlich ist dabei, dass die in einer bestimmten Region entstandenen Sorten auch den dortigen Bodenverhältnissen und klimatischen Bedingungen besonders gut angepasst sind. Eigentliche Züchtungen, insbesondere durch gezielte Befruchtung ausgewählter Elternpflanzen entstandene Sorten, sind erst spät hinzugekommen, bei der Haselnuss erst in jüngster Zeit, denn sie ist als Windbestäuber wenig dafür geeignet.

Manche der bei uns im Handel befindlichen Sorten sind über 200 Jahre alt, andere wiederum mögen in alten Gärten überdauert haben, sie zu identifizieren dürfte aber nur selten gelingen. Beschreibungen aus früherer Zeit, ebenso die damaligen Abbildungen, sind kaum je so präzise, dass eine sichere Bestimmung möglich ist. Dass sie noch vorhanden sind, ist aber anzunehmen; die jahrhundertelang überlebensfähigen Haselbüsche müssen schon gerodet werden, damit sie verschwinden. Insbesondere für den kommerziellen Anbau hinzugekommen sind in den letzten Jahrzehnten Sorten aus den europäischen Nachbarländern und den USA. Oft sind sie anspruchsvoller und empfindlicher als die traditionell bei uns gezogenen Sorten.

Die Korkenzieherhasel im zeitigen Frühjahr; gut zu erkennen ist der Rückschnitt des Stockausschlags, der andernfalls das Gesamtbild des Strauchs beeinträchtigen würde.

Im Folgenden werden daher nur solche Sorten gelistet, die im deutschsprachigen Raum entstanden sind oder hier seit langer Zeit gezogen wurden. Darunter befinden sich auch historische Sorten, die zwar nicht mehr im Handel, aber noch in Sammlungen und Genbanken vertreten sind. Die weltgrößte Sammlung alter Haselnuss-Sorten befindet sich in der nationalen Genbank der Vereinigten Staaten *(USDA-ARS National Germplasm Repository)* in Corvallis, Oregon. Auf den dort vorgenommenen molekulargenetischen Untersuchungen basieren auch die Gruppenzuordnungen in der nachstehenden Liste – leider ist nicht in jedem Fall gewährleistet, dass die heutige Sorte mit diesem Namen mit der ursprünglichen, vom Züchter benannten identisch ist.

Welche Sorte ein Nussliebhaber in seinen Garten aufnehmen sollte, der nur Platz für einen Busch hat, ist nicht einfach zu entscheiden. Unabdingbar ist es allerdings, sich in der Nachbarschaft umzuschauen, ob dort schon Haselbüsche wachsen, da Haselnüsse nicht selbstbestäubend sind. Aber selbst die allgegenwärtige Korkenzieherhasel kann als Bestäuber fungieren.

Wenn in der näheren Umgebung jedoch keine Haselsträucher zu finden sind, dann müssen mindestens zwei verschiedene Sorten gepflanzt werden. Überdies ist der Kauf in einer regionalen Baumschule zu empfehlen, da man dann sicherer sein kann, dass die Pflanzen mit Boden und Klima zurechtkommen. Neben Sorten, die sich vielleicht schon 150 Jahre oder länger bewährt haben, können auch solche ins Auge gefasst werden, die zudem noch über einen besonderen Zierwert verfügen. Darüber mehr im Kapitel über die Zierformen der Haselnuss.

Es folgt eine Auflistung noch vorhandener alter Sorten. Die römischen Zahlen geben die Gruppenzugehörigkeit an,[59] sofern sie durch molekulargenetische Untersuchungen ermittelt wurde. Unter dem *fettgedruckten* Sortennamen sind sie gegebenenfalls bis heute im Handel zu finden. Wer nach neueren Züchtungen sucht, sollte sich in einer guten Baumschule beraten lassen.

Historische Haselnuss-Sorten			
	Name	*Synonyme*	*Züchter / Herkunft / Bemerkungen*
III	Apolda		vor 1857, die in Corvallis gehaltene Pflanze ist identisch mit der 'Bandnuss'
III	Bandnuss	***Bond-Nut,*** Große Lambertnuss	Großbritannien, vor 1824
II	Barrs Zellernuss	Bard, ***Barrs Spanische***	Barr, Großbritannien, vor 1831
I	Barcelloner Zellernuss	***Barcelon̈ski***	identisch mit der polnischen 'Barcelon̈ski', aber nicht mit 'Eckige Barceloner' und 'Barcelona'
II	Bergeri	***Louis Berger,*** Bergers Zellernuss	Jakob-Makoy, Lüttich, Belgien,1869
II	Blumberger Zellernuss		Schmidt, Blumberg, vor 1857; Sämling der 'Frühen Langen Zellernuss'
VII	Burchardts Zellernuss		Burchardt, benannt von Schmidt, vor 1857
IV	Büttners Zellernuss		Burchardt, 1841
IV	***Cosford***	Miss Young's, Multiflora	Kirke, Großbritannien, eingeführt 1816
IV	***Daviana***	Duchess of Edinburgh	Richard Webb, Großbritannien,1870, nach Humphry Davy benannt
IV	***Downton***	Dowton	Großbritannien, vor 1824; in Frankreich noch im Handel
	Eckige Barceloner		Loddiges, Großbritannien, 1826
	Englische Riesen(nuss)	Englische Riesen-Zeller	Deutschland, vor 1922, nach Schneiders identisch mit der von Rivers eingeführten 'Atlas'; sowohl Formen mit runden wie auch länglichen Nüssen im Handel
V	***Fertile de Coutard***	Reichtragende von Coutard, Barcelona	Frankreich, um 1880
	Fichtwerdersche Zellernuss	Fichtmanns	Einführung Burchardt
III	***Frizzled Filbert***		Großbritannien, vor 1824
II	***Frühe lange Zellernuss***	Lange Zellernuss, Lang Tidlig Zeller, Early Long Zeller	angeblich vor 1774 aus Italien eingeführt
	Frühe Frauendorfer	Precoce de Frauendorf, Frühe von Frauenhof	Gartenbaugesellschaft Frauendorf, vor 1860

Historische Haselnuss-Sorten			
	Frühe (von) Nottingham	***Nottinghams Frühe(ste),*** Nottingham Early	Herkunft unbekannt
III	***Garibaldi***		Richard Webb, Großbritannien
	Große Kugelnuss		Burchardt, vor 1854
V	***Gubener Zellernuss***	Gubener Barcelonner	Gottlob M. Bukatsch, vor 1836
II	***Gunslebener Zellernuss***	Gunslebert	Samuel D. L. Henne, 1757
II	***Gustavs Zellernuss***	Heynicks Zellernuss	Burchardt, vor 1854, nach seinem Sohn benannt
II	***Hallesche Riesennuss***	Hall's Giant	J. Büttner, Halle, 1788, Sämling der 'Gunslebener Zellernuss'
	Heinrichs Zellernuss		Burchardt, vor 1854
	Hempels Zellernuss	Hempels Lambertnuss	Burchardt, vor 1854
III	***Imperatrice Eugenie***	Empress Eugenie, Webb's Eugenie, Kaiserin Eugenie	Richard Webb, Großbritannien; 'Kentish Cob' × 'Cosford'
VI	***Impériale de Trébizonde***	Trapezunter Kaiserhasel, Macrocarpa	von Sénéclauze, Frankreich, aus der Türkei eingeführt
II	Jeeve's Seedling	Yvess Long Seedling, Liegels Zellernuss	Großbritannien, vor 1824; der Name 'Liegels Zellernuss' von Burchardt
II	Kadetten Zellernuss	Des Cadetten Nuss	Burchardt, vor 1854; die in Corvallis gehaltene Akzession ist identisch mit 'Frühe lange Zellernuss'
III	***Kentish Cob***	Du Chilly, Korthaset Zellernuss, Longue d'Espagne, Lambert's Filbert	Lambert, Großbritannien, um 1830
II	Kunzemüllers Zellernuss		Burchardt, vor 1854; die in Corvallis gehaltene Akzession ist identisch mit 'Jeeve's Sämling'
	Kurzhüllige Zellernuss		eingeführt von Burchardt
II	***Lange Landsberger***	Längste Zellernuss	Burchardt, vor 1857
	Längliche Riesennuss		vor 1812, abgebildet bei Christ
II	***Louisens Zellernuss***	***Katalonski, Luisenszeller Nuss***	Carl Reinhold Peicker, 1877
II	Ludolphs Zellernuss	Rudolphi-Nuss, Rudolph's Lambertsnuss	Burchardt, vor 1854

Historische Haselnuss-Sorten			
	Messmers Zeller		vor 1912, verbreitet durch H. Hesse, Weener
	Mehls Zellernuss	Von Mehl	J. F. Mehls, Landsberg, vor 1854, eingeführt von Burchardt, Sämling der Halleschen Riesennuss
II	Merveille de Bollwiller	*Wunder aus Bollweiler,* Weißmanns Zellernuss	Weissmann, Bollwiller, Frankreich,1860; eingeführt von Frères Baumann, Bollwiller
	Minnas Zellernuss	Minnas Store Zellernød	Burchardt, vor 1854; in der Genbank in Taastrup, Dänemark, noch vorhanden
II	*Mogul*(nuss)	Mogul Nut	Großbritannien, vor 1826; in Osteuropa noch im Handel
II	*Neue Riesennuss*		C. R. Peicker, 1871
III	*Pearson's Prolific*	*Nottinghams Fruchtbare, Fertile de Nottingham,* Nottingham Prolific	Großbritannien, vor 1824
VI	*Princess Royal*	Duke of Edinburgh	Richard Webb, Großbritannien; in der Schweiz im Handel
II	Riekchens Zellernuss		Burchardt; Akzession in Corvallis identisch mit 'Mogulnuss'
V	*Römische Nuss*	Große Bunte Zellernuss	Anfang des18. Jahrhunderts aus Italien eingeführt
VI	*Rote Lambertnuss*	Red Filbert, Blutnuss, var. rubra, Fructo Rubro	seit dem 16. Jahrhundert bei uns bekannt; rotkernig, grünes Laub, nicht identisch mit 'Atropurpurea'
II	Sicklers Zellernuss		Burchardt, vor 1854; 'Hallesche Riesennuss' × 'Frühe lange Zellernuss'
II	Truchsess	*Truchsessa*	Burchardt, vor 1854, in Polen noch im Handel, sehr groß
	Volle Zellernuss		Büttner, Halle, um 1800, benannt von Burchardt
	Vollkugel		C. R. Peicker, 1892 eingeführt
	Waterloo	Waterloonuss	vor 1860, Herkunft unbekannt
VII	*Webbs Preisnuss*		Richard Webb, Calcot, Großbritannien
VI	*Weiße Lambertnuss*	White Filbert, Aveline blanche, Weiße Bartnuss	seit dem 16. Jahrhundert bei uns bekannt, weißkernig

Haselnüsse in Ernährung und Küche

Haselnüsse aus dem Piemont – die 'Tonda Gentile Delle Langhe'

Weltweit wurden 2017 mehr als eine Million Tonnen Haselnüsse geerntet, davon allein in der Türkei 675 000 Tonnen. Italien war mit rund 130 000 Tonnen zweitgrößter Weltmarktproduzent. Doch Haselnuss ist nicht gleich Haselnuss.

Im Piemont werden Haselnüsse der Sorte 'Tonda Trilobata' in den Provinzen Cuneo, Asti und Alessandria auf 21 000 Hektar Anbaufläche erzeugt. Die jährliche Ernte beträgt etwa 20 000 Tonnen. Die Anbaugebiete verteilen sich zwischen den Hügeln der Langhe, des Roero und des Monferrato. Seit 1993 wird in Italien die geschützte geografische Bezeichnung (*Indicazione Geografica Protetta* [IGP]) „Nocciola Piemonte", also „Piemont-Haselnuss", anerkannt. Sie ist der Sorte 'Tonda Trilobata' vorbehalten, von den Piemontesen wird sie liebevoll 'Tonda Gentile Delle Langhe' („Edle Runde aus den Langhe") genannt. Über die Einhaltung wacht das *Consorzio Tutela Nocciola Piemonte,* dem 780 Unternehmen hauptsächlich in der Alta Langa angehören. Seit Anfang des 20. Jahrhunderts wird nach Empfehlungen des Agronomen Emanuele Ferrari, der hier selbst zu Hause war, das hügelige Gebiet (700–800 m über dem Meeresspiegel) für die Anlage von Haselnussplantagen genutzt. Nachdem die Reblaus-Invasion und die immer wiederkehrenden Mehltau-Plagen Ende des 19. Jahrhunderts dem dortigen Weinbau wirtschaftlich ein Ende bereitet hatten, sah Ferrari die Vorteile des Haselnussanbaus, denn die Haselnuss ist deutlich widerstands-

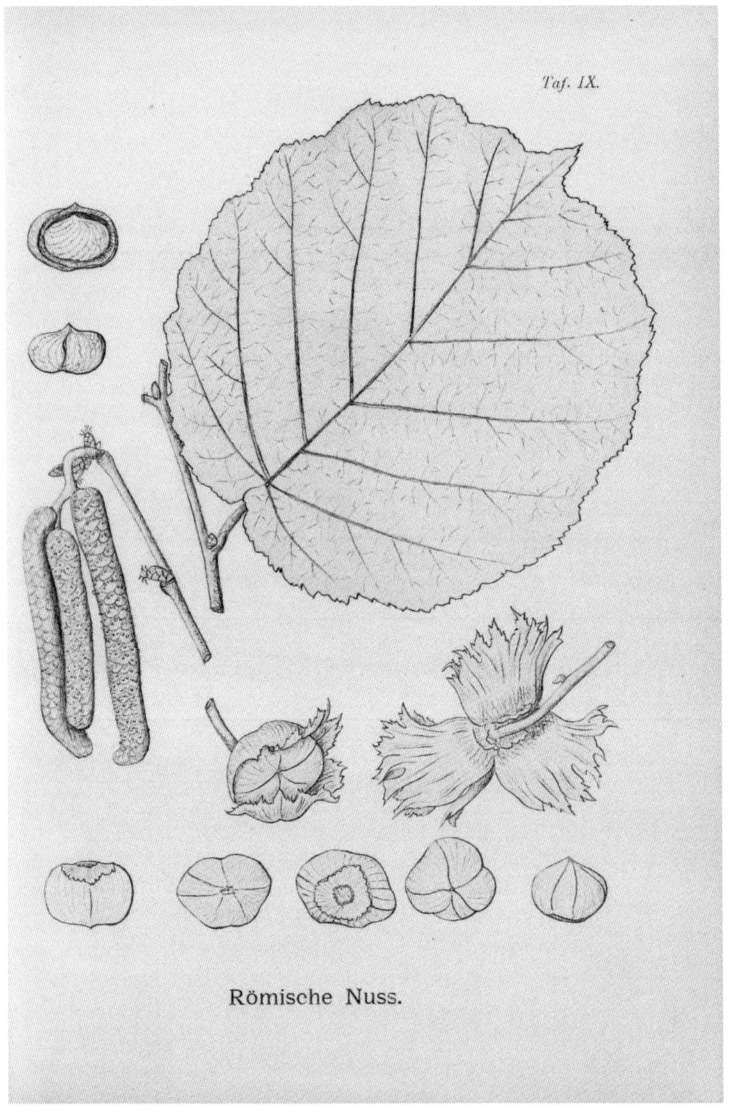

Die hiesige 'Römische Nuss' ist eine Nachfahrin der großfruchtigen runden Nüsse aus dem Mittelmeerraum, zu denen auch die 'Tonda Gentile' gehört.

Haselnussplantage in den Langhe (Piemont) im Frühling.

fähiger gegenüber Schädlingen. Aufgrund ihres aromatischen Geschmacks schon immer hochgeschätzt, weist die 'Tonda Gentile' daneben weitere Vorzüge auf. Eine dünne Schale, hohe Lagerfähigkeit und die Tatsache, dass sich die Kernhaut leicht nach dem Rösten entfernen lässt, kennzeichnen diese hochproduktive, frostresistente Spitzensorte. Ihre attraktive runde Form ist ein weiterer Bonus. Einen besonderen Ruf genießen die um Cravanzana bei Alba angebauten Nüsse. Die Nuss selbst ist weit älter als ihr ökonomischer Erfolg in den letzten 100 Jahren. Große, runde Nüsse aus Norditalien werden seit dem 16. Jahrhundert in botanischen Werken erwähnt. *Ronde du Piémont* heißt sie um 1790 in Frankreich, und nahe Verwandte dieser Nuss-Sorte sind unter verschiedenen Namen in anderen Regionen bekannt. Ihre ganz besondere Qualität entwickelt sie allerdings nur in den Langhe.

Die Geschichte des dortigen Haselnussanbaus ist eng verbunden mit der Entwicklung der norditalienischen Süßwarenindustrie. Sie verlief Hand in Hand mit der Erfindung der „Pasta Gianduja", einer Mischung aus Zucker, Kakao und gerösteten Haselnüssen. Der Legende nach geht die Gianduja auf die Süßwarenhersteller Turins zurück, die sich während der Kontinentalsperre, des durch Napoleon verhängten Einfuhrverbots von Produkten aus den englischen Kolonien, gezwungen sahen, Alternativen für Kakao und Schokolade zu suchen. Es heißt, sie hätten auf die eigenen Piemonteser Haselnüsse zurückgegriffen, die reichlich zur Verfügung standen, und in ihren Produkten die Schokolade durch Haselnusspaste ersetzt. 1813 verfasste Antonio Bazzarini einen *Piano teorico-pratico di sostituzione nazionale al cioccolato*[60] („Theoretisch-praktischer Plan für den nationalen Ersatz von Schokolade") – von Haselnüssen ist darin allerdings keineswegs die Rede. Erst der Chocolatier Michele Prochet machte 1852 zusammen mit dem Süßwarenhersteller Isidore Caffarel aus dem kleinen Piemonteser Ort Luserna San Giovanni geröstete, gemahlene Haselnüsse zur Grundlage seiner Pasta Gianduja. Ihr besonderer Geschmack entsteht durch die Röstung der Nüsse.

„Gianduia" ist noch immer eine geschützte Marke von Caffarel. Der Name geht zurück auf den Spaßmacher Gianduja, eine Figur der Commedia dell'Arte, die bei den Turiner Volksfesten eine bedeutende Rolle spielt. Der Gianduiotto (oder Giandujot), eine aus Gianduja-Masse hergestellte, einzeln verpackte Praline in typischer dreikantiger Form, wurde 1865 eingeführt. Traditionell wurde die Gianduja-Masse dafür von Hand aus großen Blöcken geschnitten, da ihre industrielle Verarbeitung damals noch nicht möglich war. Nur einige kleine Manufakturen fertigen den Gianduiotto heute noch auf diese Weise.

Nur in Deutschland und in den skandinavischen Ländern wird die Mischung aus gerösteten und gemahlenen Haselnüssen, Schokolade und Zucker als Nougat bezeichnet. Ist sie in Deutschland oder Österreich hergestellt, heißt sie im angelsächsischen Raum manchmal „Viennese Nougat" oder „German

Haselnuss-Nougat ist eine beliebte Zutat in der Bäckerei und Konditorei – etwa für die Nougatringe der Konditorei Schoppe in Bad Kösen.

Nougat". In Frankreich allerdings ist mit „Nougat" immer der weiße Nougat gemeint, die Schokoladen-Haselnusspaste heißt dort „pâte praliné".

Die Nuss-Nougat-Creme

Das wohl bekannteste aus dem Piemont stammende haselnusshaltige Produkt ist die schokoladig schmeckende Nougat-Creme. Weltmarktführer ist das in Alba ansässige Unternehmen Ferrero S.p.A., Hersteller von Nuss-Nougat-Creme und anderen nusshaltigen Süßwaren. 1946 wurde es von Pietro Ferrero gegründet und ist noch immer in Familienbesitz. Ferrero verarbeitet allein 25 % der jährlichen weltweiten Haselnussernte. 2014 übernahm das Unternehmen den größten türkischen Haselnussverarbeiter Oltan. Die marktstrategischen Vorteile für die Firma sind offensichtlich, haben die EU aber nicht davon abgehalten, den Kauf zu genehmigen.

1946 erzeugte Pietro Ferrero erstmals 300 kg „Pasta Giandujot", eine Nougatpaste, die in Schneidblöcken verkauft wurde. Im

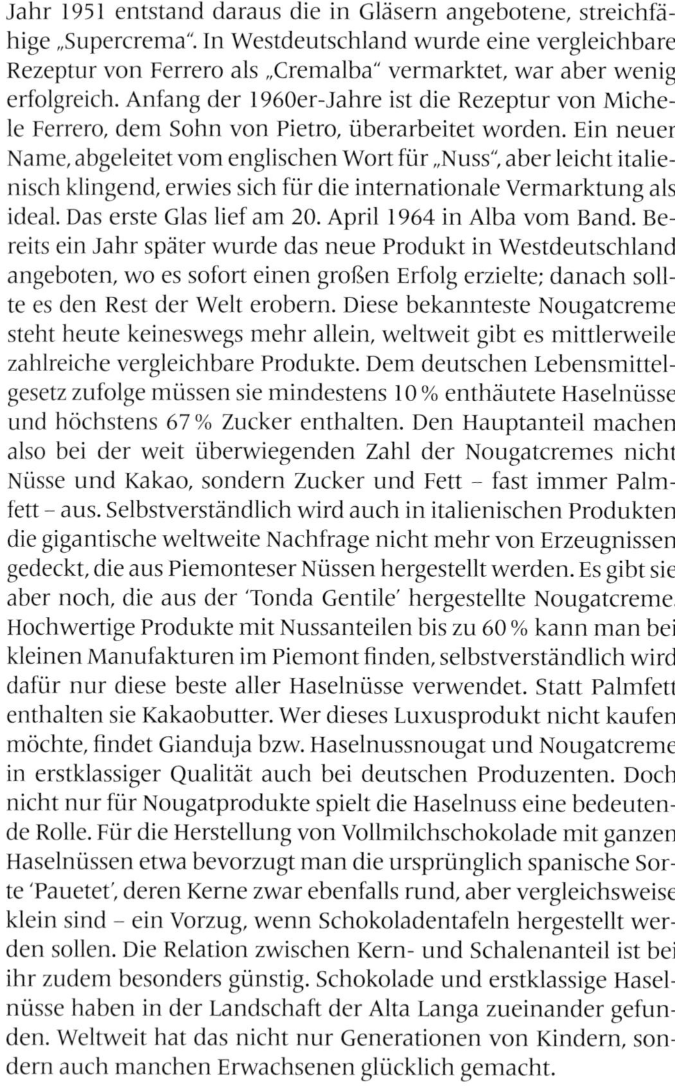

Jahr 1951 entstand daraus die in Gläsern angebotene, streichfähige „Supercrema". In Westdeutschland wurde eine vergleichbare Rezeptur von Ferrero als „Cremalba" vermarktet, war aber wenig erfolgreich. Anfang der 1960er-Jahre ist die Rezeptur von Michele Ferrero, dem Sohn von Pietro, überarbeitet worden. Ein neuer Name, abgeleitet vom englischen Wort für „Nuss", aber leicht italienisch klingend, erwies sich für die internationale Vermarktung als ideal. Das erste Glas lief am 20. April 1964 in Alba vom Band. Bereits ein Jahr später wurde das neue Produkt in Westdeutschland angeboten, wo es sofort einen großen Erfolg erzielte; danach sollte es den Rest der Welt erobern. Diese bekannteste Nougatcreme steht heute keineswegs mehr allein, weltweit gibt es mittlerweile zahlreiche vergleichbare Produkte. Dem deutschen Lebensmittelgesetz zufolge müssen sie mindestens 10 % enthäutete Haselnüsse und höchstens 67 % Zucker enthalten. Den Hauptanteil machen also bei der weit überwiegenden Zahl der Nougatcremes nicht Nüsse und Kakao, sondern Zucker und Fett – fast immer Palmfett – aus. Selbstverständlich wird auch in italienischen Produkten die gigantische weltweite Nachfrage nicht mehr von Erzeugnissen gedeckt, die aus Piemonteser Nüssen hergestellt werden. Es gibt sie aber noch, die aus der 'Tonda Gentile' hergestellte Nougatcreme. Hochwertige Produkte mit Nussanteilen bis zu 60 % kann man bei kleinen Manufakturen im Piemont finden, selbstverständlich wird dafür nur diese beste aller Haselnüsse verwendet. Statt Palmfett enthalten sie Kakaobutter. Wer dieses Luxusprodukt nicht kaufen möchte, findet Gianduja bzw. Haselnussnougat und Nougatcreme in erstklassiger Qualität auch bei deutschen Produzenten. Doch nicht nur für Nougatprodukte spielt die Haselnuss eine bedeutende Rolle. Für die Herstellung von Vollmilchschokolade mit ganzen Haselnüssen etwa bevorzugt man die ursprünglich spanische Sorte 'Pauetet', deren Kerne zwar ebenfalls rund, aber vergleichsweise klein sind – ein Vorzug, wenn Schokoladentafeln hergestellt werden sollen. Die Relation zwischen Kern- und Schalenanteil ist bei ihr zudem besonders günstig. Schokolade und erstklassige Haselnüsse haben in der Landschaft der Alta Langa zueinander gefunden. Weltweit hat das nicht nur Generationen von Kindern, sondern auch manchen Erwachsenen glücklich gemacht.

Innere Qualitäten

Haselnüsse gelten als nahrhaft, bereits seit römischer Zeit sogar als Dickmacher. Dass sie reich an Fett und damit auch an Kalorien sind, hat man ihnen übelgenommen. Tatsächlich gibt es aber kaum einen gesünderen Fettlieferanten, 100 Gramm haben etwa 650 Kilokalorien. Der hohe Fettanteil (63 %) aus einfach ungesättigten und mehrfach ungesättigten Fettsäuren wird ergänzt durch 12 % hochwertiges Eiweiß, Minerale und Vitamine. Haselnüsse enthalten unter anderem Kalzium, Magnesium, Phosphor, Eisen und Zink, Vitamine der B-Gruppe und eine vergleichsweise hohe Konzentration von Vitamin E. Die mehrfach ungesättigten Fettsäuren wirken sich positiv auf die Blutfettwerte aus und verringern damit das Risiko für Herz- und Kreislauferkrankungen. Beim maßvollen Verzehr von etwa 25 Gramm Haselnüssen am Tag wird der Cholesterinspiegel durch die enthaltenen Omega-6-Fettsäuren gesenkt, eine möglicherweise beginnende Arterienverkalkung geht zurück. Das Lecithin in den Nüssen ist für ihren Ruf als „Nervennahrung" verantwortlich, es soll die Konzentration und den Stressabbau fördern. Zahlreiche weitere Eigenschaften werden den Haselnüssen zugeschrieben, die ihr Image als besonders gesundes Lebensmittel unterstreichen.

Auch unter ethischen Gesichtspunkten besitzt der Verzehr von Haselnüssen und Haselnussprodukten Vorzüge. Ernährungsphysiologisch können Haselnüsse helfen, unseren Fleischkonsum zu verringern, für Vegetarier und Veganer stellen sie eine wertvolle Quelle für pflanzliche Proteine dar. Die Pflanzung von Haselsträuchern trägt zur langfristigen Bindung von CO_2 bei und die Verwendung von Haselnüssen in der Ernährung hilft, die Nachfrage nach ökologisch fragwürdigen Fetten aus tropischen Anbaugebieten, die oftmals Ursache großflächiger Naturzerstörung sind, zu senken. Der Haselnuss-Strauch ernährt zahlreiche Tiere, von Kleinsäugern über Vögel bis hin zu Insekten. Für die Honigbienen ist die Hasel im Vorfrühling eine der wichtigsten Futterquellen. Als Windbestäuber

bietet sie ihnen zwar keinen Nektar an, der eiweißreiche Pollen dient den Bienen jedoch zur Fütterung der Brut in einer Zeit, in der der Tisch der Natur noch nicht reich gedeckt ist. Regional erzeugte Nüsse, aber auch Nüsse aus europäischen Nachbarländern haben daher eine vergleichsweise positive Ökobilanz. Einer der Vorreiter der Ökologiebewegung, Ewald Könemann (1899–1976) verfasste 1943 das kleine Buch *Nußbau in allen Lagen,* in dem er den Anbau von Haselnüssen ebenso wie von anderen Nussarten propagiert.

Wertvolle Eiweißquelle und reich an gesunden Fetten: die Haselnuss.

Die Haselnuss und die Erfindung der vegetarischen Wurst

Die Autorin des Nusskochbuchs *A Guide for Nut Cookery* (1899)[61], Almeda Lambert (1864–1921), war die Ehefrau eines Nussmühlenherstellers in Battle Creek, einer Stadt im US-Bundesstaat Michigan.[62] Sie wie auch ihr Ehemann Joseph gehörten zu den Siebenten-Tags-Adventisten. Die Mitglieder dieser Religionsgemeinschaft waren angehalten, auf Fleisch zu verzichten.

Frisch geknackte Haselnüsse sind nicht nur ein gesunder Snack - sie lassen sich auch vielseitig in der Küche verwenden.

Ähnlich wie bei Joseph Lambert verbanden sich bei vielen von ihnen die Forderungen ihrer Kirche nicht nur mit gesundheitsreformerischen Bestrebungen, sondern auch mit einem ausgeprägten Sinn für das Geschäftliche. Battle Creek war nicht nur das damalige Hauptquartier der Gemeinschaft, sondern ein Zentrum der Reformkosthersteller. Der bekannteste von ihnen war John Harvey Kellogg, der Erfinder der Cornflakes. Der Stadt Battle Creek und ihren damaligen Bewohnern hat der amerikanische Autor T. C. Boyle mit dem satirischen Roman *Willkommen in Wellville* (1992) ein Denkmal gesetzt.

Almeda Lamberts Kochbuch diente nicht nur dazu, den Nussmühlenabsatz ihres Gatten werbewirksam zu unterstützen, sondern fügte sich ein in die Vorstellungen der Reformkostbewegung der Adventisten. Fleisch- und Milchprodukte sollten möglichst vollständig durch Nussprodukte ersetzt werden. Eine große Zahl von Rezepten für Nussmilch und „Nussbutter", hergestellt aus unterschiedlichen Arten von Nüssen, findet sich darin, aber auch eine Fülle von Rezepten, in denen Nüsse als Fleischersatz dienen. Lamberts Erfindungsreichtum ist überwältigend. Neben Nussbutter, Nussmilch und Nussmehl in vielen Varianten stehen „Nutmeatose", „Nutora" und „Nutmeato" – Halbfertigprodukte, die Fleisch in der Küche überflüssig machen sollten. Selbst Rezepte für „Hummer" und „Truthahn" aus Nüssen als Festtagsgerichte kann man bei Lambert finden. *A Guide for Nut Cookery* enthält außerdem die

erste Erwähnung von fleischloser Wurst in der abendländischen Kochkunst. Zwar spielen Rezepte mit Haselnüssen insbesondere gegenüber den Erdnussrezepten eine eher untergeordnete Rolle, aber dennoch gibt es nicht nur ein warenkundliches Kapitel über die Haselnuss, sondern neben anderen Haselnussrezepten auch eines für eine vegetarische Haselnusswurst:

Filbert Sausage

- *4 Esslöffel Zwieola (geriebener Zwieback)*
- *3/4 Tasse kaltes Wasser zum Befeuchten des Zwiebackmehls*
- *2 Esslöffel Haselnussmehl*
- *eine Prise Salbei, fein gerieben und durchgesiebt*
- *Salz nach Geschmack*

Aus den Zutaten einen festen Teig herstellen und kleine Kuchen formen; auf einer geölten Platte im Ofen auf beiden Seiten braun backen.

Dazu natürlich eine Filbert Sauce:

Einen gehäuften Esslöffel Haselnussmehl mit einem Teelöffel Mehl, ein wenig geriebener Zwiebel und Salz in etwas Wasser glatt rühren und in eine Tasse kochendes Wasser einrühren.

Es war ein Anfang. Die Wurst hatte die Form eines kleinen Kuchens, und ob die Sauce zusammen mit der Wurst geschmacklich befriedigte, sei dahingestellt. Auf jeden Fall war sie die Ahnherrin aller vegetarischen Würste bis zum heutigen Tag.

Kochen mit Haselnüssen

Almeda Lamberts Vorschläge zur Reform der Essgewohnheiten ihrer Zeit bezeichnen eine Episode in der Geschichte des Vegetarismus, als Fleischersatz hat sich die Haselnuss allerdings

Haselnussbrot (Bäckerei Höhne, Olbersleben).

nicht durchsetzen können. In unserer heutigen Ernährung ist sie hingegen sehr wohl präsent: Die hauptsächliche Verwendung von Haselnüssen in vielerlei Arten von Süßigkeiten, Gebäck und Kuchen ist bereits jedem Kind bekannt, besonders in der Weihnachtsbäckerei sind sie unverzichtbar. Auch Desserts wie Eis, Joghurt oder Cremespeisen erhalten ihre besondere Geschmacksnote durch die Zugabe von Haselnüssen. Zu Nougat und anderem Haselnusskonfekt wurde bereits im Abschnitt über die Piemonteser Nuss das Wesentliche gesagt. Aber nicht nur zum Naschen ist die Haselnuss beliebt. Gehackt gehört sie in Müslimischungen und in jüngerer Zeit auch in Dressings für Salate. Dagegen ist sie in der traditionellen Küche als Zutat zu pikanten Gerichten so gut wie gar nicht anzutreffen, Haselnussbrot oder in Butter angeröstete gehackte Haselnüsse zu feinen Gemüsen sind bemerkenswerte Ausnahmen. In der experimentierfreudigeren Küche der letzten Jahrzehnte finden sich Haselnüsse häufiger als Zutat in Hauptgerichten, vor allem beim vegetarischen und veganen Kochen. Wirklich neu ist eine solche Nutzung nicht erst, seit Anhänger lebensreformerischer Bewegungen wie Almeda Lambert Nüsse auch in Hauptgerich-

ten zum Einsatz bringen. In den Küchen anderer Kulturen ist diese Verwendung seit Langem üblich und in Europa hat man Reste von Haselnussmehl bereits an steinzeitlichen Siedlungsplätzen gefunden. Über die damalige Art der Verwendung kann allerdings nur spekuliert werden.

Eine besondere Spezialität ist das Haselnussöl. Es wurde, heißt es, erstmals in der Gegend von Ereğli an der türkischen Schwarzmeerküste produziert. Das klingt plausibel, Ereğli ist das antike Herakleia, die dortigen Haselnüsse wurden bereits in der Antike gerühmt. Haselnussöl gilt als ein Öl höchster Qualität. Christian Friedrich Germershausen (1725–1810), bekannt als Autor der *Klugen und wohl-erfahrnen Haus-Mutter*, nannte es einfach Haselöl und zog es sogar dem „Baumöl" (Olivenöl) vor.[63] Nachdem es lange Zeit in Deutschland wenig in Gebrauch war, ist es heute wieder bei Feinschmeckern hochangesehen. Es wird für feine Salate, aber auch zum Aromatisieren süßer und pikanter Speisen verwendet. Nicht verschweigen sollte man allerdings, dass natives Haselnussöl rasch verbraucht werden muss; gerade die ungesättigten Fettsäuren sind verantwortlich dafür, dass es schnell ranzig wird. Öl aus gerösteten Nüssen ist haltbarer, geschätzt wird es wegen seines intensiven Nougat-Aromas. Und natürlich sind Haselnüsse, wie schon bei den alten Römern, auch heute eine beliebte Knabberei, entweder geröstet und gesalzen oder naturbelassen in Nussmischungen oder im Studentenfutter. Der Brauch, an Winterabenden Haselnüsse mit dem Nussknacker zu knacken, findet sich seit langer Zeit in allen europäischen Ländern nördlich der Alpen. Schließlich brennt man aus den Haselnüssen auch einen klaren Schnaps, den Haselnussgeist. 2001 nannte das *Manager-Magazin* ihn die neue Modespirituose schlechthin. Ob er als „Aufgesetzter" schon lange in den Alpenländern verbreitet war oder ob es sich um eine moderne Variante des Obstbrandes handelt, ist ungeklärt. Die Haselnüsse werden dazu gehackt und geröstet und dann für mehrere Wochen in Wodka oder Kornbrand mazeriert, das heißt ausziehen gelassen. Kommerzielle Produkte werden danach noch einmal destilliert und häufig auch für eine gewisse Zeit in Fässern gelagert; Aufgesetzter für den Eigenverbrauch muss nur noch gefiltert werden.

Die Haselnuss bietet viel Raum für konditorische Kreativität – hier eine Tropézienne-Variante: Brioche-Törtchen, mit Haselnuss-Craqueline getoppt und mit Haselnusspraliné und Créme Pâtissière gefüllt (Die Brotklappe, Weimar).

Süßer Haselnusslikör ist vermutlich das weit ältere Getränk. Er entstammt der osteuropäischen Tradition der Aromatisierung von Wodka. Das Rezept des polnischen Traditionsherstellers Soplica geht auf das späte 19. Jahrhundert zurück, mittlerweile ist Haselnusslikör in ganz Europa beliebt. „Haselnußer" heißt er manchmal in Anlehnung an den Nusser aus Walnüssen. Für die erwachsen gewordenen Liebhaber von Nougatcreme gibt es ihn außerdem „cremig", also mit Milch oder Sahne, manchmal sogar mit Ei. Und selbstverständlich auch mit Schokolade.

Trüffelpilz und Haselstrauch

Trüffeln werden von speziell ausgebildeten Trüffelschweinen oder -hunden erschnüffelt und von deren glücklichen französischen oder italienischen Besitzern eingesammelt und dann zu

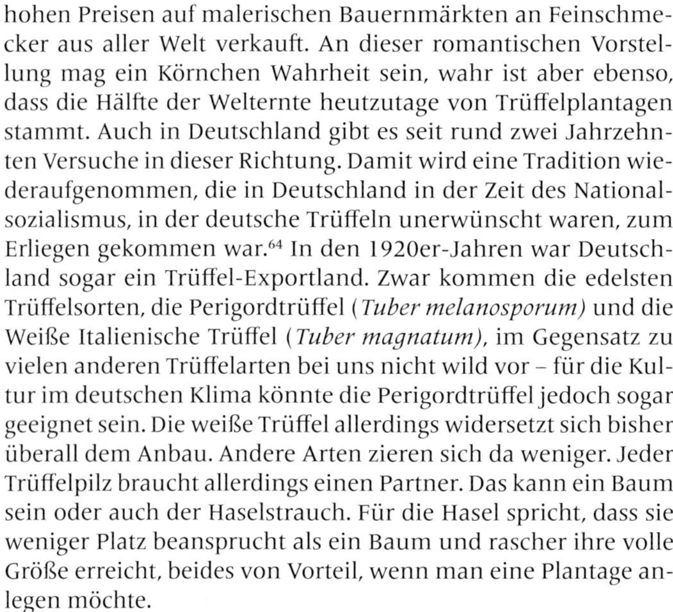

hohen Preisen auf malerischen Bauernmärkten an Feinschmecker aus aller Welt verkauft. An dieser romantischen Vorstellung mag ein Körnchen Wahrheit sein, wahr ist aber ebenso, dass die Hälfte der Welternte heutzutage von Trüffelplantagen stammt. Auch in Deutschland gibt es seit rund zwei Jahrzehnten Versuche in dieser Richtung. Damit wird eine Tradition wiederaufgenommen, die in Deutschland in der Zeit des Nationalsozialismus, in der deutsche Trüffeln unerwünscht waren, zum Erliegen gekommen war.[64] In den 1920er-Jahren war Deutschland sogar ein Trüffel-Exportland. Zwar kommen die edelsten Trüffelsorten, die Perigordtrüffel (*Tuber melanosporum*) und die Weiße Italienische Trüffel (*Tuber magnatum*), im Gegensatz zu vielen anderen Trüffelarten bei uns nicht wild vor – für die Kultur im deutschen Klima könnte die Perigordtrüffel jedoch sogar geeignet sein. Die weiße Trüffel allerdings widersetzt sich bisher überall dem Anbau. Andere Arten zieren sich da weniger. Jeder Trüffelpilz braucht allerdings einen Partner. Das kann ein Baum sein oder auch der Haselstrauch. Für die Hasel spricht, dass sie weniger Platz beansprucht als ein Baum und rascher ihre volle Größe erreicht, beides von Vorteil, wenn man eine Plantage anlegen möchte.

Mit der Perigordtrüffel, der Wintertrüffel (*Tuber brumale*), der Sommertrüffel (*Tuber aestivum*) und der zur Sommertrüffel gehörigen Burgundertrüffel (var. *uncinatum*) können Haselsträucher eine Ektomykorrhiza eingehen. Darunter versteht man eine spezielle Form der Symbiose zwischen Pflanzen und Pilzen. Das unterirdische Myzel, das Geflecht aus feinen Pilzfäden (Hyphen), dringt zwar in die Wurzelrinde, nicht aber in die Zellen ein. Die Hyphen bilden ein dichtes Geflecht um die Wurzelenden und tauschen Nährstoffe und Wasser mit den Pflanzen aus. Im Gegenzug versorgt die Hasel den Pilz mit Kohlehydraten, beide profitieren von dieser Verbindung.

Die Ektomykorrhiza zwischen Trüffel und Haselstrauch entwickelt sich vorzugsweise in kalkhaltigen, lockeren und wasserdurchlässigen Böden. Wo solche Bedingungen vorliegen, findet man bei uns vor allem die Sommertrüffel, die vom Frühsommer bis in den Herbst fruchtet, oder ihre Variante, die Burgun-

dertrüffel, deren Reifezeit dann in Herbst und Winter folgt. Die Burgundertrüffel wird von den Trüffelliebhabern geschmacklich bevorzugt. Sie ist in ganz Europa verbreitet, von den Mittelmeerländern bis nach Süd-Skandinavien. Untersuchungen engagierter Trüffelenthusiasten[65] haben ergeben, dass Trüffeln oft dort gefunden werden, wo außer mit der Haselnuss auch noch mit einer weiteren Baumart eine Ektomykorrhiza besteht.

„Trüffelbäumchen", mit Trüffelsporen geimpfte junge Sträucher, werden in den letzten Jahren auch bei uns vermarktet. Dabei handelt es sich überwiegend um Haselsträucher (*Corylus avellana)* sowie die Mykorrhiza der Burgundertrüffel, aber auch der Wintertrüffel und der Perigordtrüffel. Hin und wieder werden zudem mit der ebenfalls bei uns heimischen Weißen Frühlingstrüffel (*Tuber borchii)* geimpfte Baumhaseln (*Corylus colurna)* angeboten.

Seriöse Anbieter sollten in jedem Fall darauf hinweisen, dass sich der Anbau von Trüffeln in Deutschland noch im Versuchsstadium befindet. Insbesondere Perigordtrüffeln dürften nur in wärmebegünstigten, wintermilden Lagen Fruchtkörper hervorbringen. Unterschiedliche Haselnuss-Sträucher sind als Mykorrhiza-Träger erhältlich, darunter rotblättrige Sorten wie 'Rote Zeller' und 'Warschauer Rote'. Die Hasel ist als Trüffelbaum besonders beliebt, weil sie weniger Platz beansprucht als große Bäume und schon nach wenigen Jahren Trüffeln liefern soll. Die Wahl des richtigen Standorts und die richtige Pflege vorausgesetzt, soll man mit Glück schon vier bis fünf Jahre nach der Auspflanzung erste Burgundertrüffeln unter den Haselbüschen ernten können.

Unerfreuliches

Der Haselnussbohrer

Wer selbst einmal Haselnüsse gesammelt hat, kennt das Problem. Kleine, kreisrunde Löcher in der Schale der Nuss signalisieren schon vor dem Knacken: Diese Nuss ist taub. Der Übeltäter hat zu diesem Zeitpunkt die Nuss bereits verlassen. Der Haselnussbohrer *(Curculio nucum)*, ein Mitglied der Familie der Rüsselkäfer, hat seine frühe Jugend in der Nuss verbracht, den Nusskern nach und nach aufgefressen und ist zu einer fetten Made, eigentlich einer Larve, herangewachsen.

Ausgewachsen verlässt die Larve die leere Nuss durch dasselbe kleine Loch, das die Mutter in die Schale gebohrt hatte, und gräbt sich in den Boden ein, wo sie überwintert und sich in der Regel im folgenden Frühjahr verpuppt. Meist schlüpft sie bald darauf, einzelne Tiere können aber bis zu vier Jahre im Boden ausharren. Der frisch geschlüpfte Käfer ernährt sich dann zunächst von Knospen und Blättern sowie jungen Früchten anderer Baumarten, bis das Weibchen im Sommer mit dem Rüssel wieder ein Loch in eine junge Haselnuss bohrt und ein Ei hineinlegt. Ein Weibchen legt 40 bis 50 Eier ab. Die Larve entwickelt sich und der Kreislauf beginnt von Neuem.

Der Haselnussbohrer ist nicht nur eine Plage der Nussplantagen, sondern kann, wenn er in Scharen auftritt, auch in anderen Obstanlagen großen Schaden anrichten, da er sich im Frühjahr vorzugsweise von Blättern und unreifen Früchten der Obstbäume ernährt. Professionellen Anbauern ist daher die Bekämpfung mit Insektiziden gestattet, im Hausgarten gestaltet sich die Situation allerdings weniger einfach. Von den vielen Maßnahmen, die dem Amateurgärtner empfohlen werden, ist es die erfolgversprechendste, zum Zeitpunkt der Abwanderung der Larven (Ende Juli/Anfang August) den Boden oberflächlich

Abb. 36 und 37
Der Haselnussbohrer (Curculio nucum), gleichermaßen gefürchtet von Amateurgärtnern wie von professionellen Haselnussanbauern.

aufzulockern. Vögel, insbesondere Rotkehlchen, helfen dann gern, die Maden zu dezimieren. An kleinen Sträuchern kann man befallene Nüsse auch frühzeitig absammeln oder die Käfer von den Büschen schütteln.

Im Erwerbsanbau treten daneben weitere Schädlinge und Pflanzenkrankheiten auf, die bekämpft werden müssen. Amateure beugen am besten dadurch vor, dass sie in ihrem Garten

vielfältige naturnahe Pflanzengesellschaften schaffen, in denen Haselsträucher ihren Standortansprüchen entsprechende Bedingungen vorfinden. Dort stellen sich auch Insektenfresser ein, die dafür sorgen, dass Schädlinge nicht überhandnehmen. Dass zu den Nussräubern ebenso das Eichhörnchen gehört, das in manchen Jahren einen Haselstrauch vollständig von Nüssen leerräumen kann, werden die meisten Gartenbesitzer gern akzeptieren.

Haselnuss-Allergien

Nicht gut auf die Haselnuss zu sprechen sind viele Allergiker. Allergische Reaktionen auf Hasel-Pollen sind in Mitteleuropa häufig. Meist reagieren die Betroffenen zusätzlich auch auf den Pollen nah verwandter Arten wie Birke und Erle. Alle drei gehören zu den sogenannten „Frühblühern". Der Pollenflug beginnt regional unterschiedlich, bei uns zumeist im Januar oder Februar, in warmen Wintern manchmal sogar früher. Im März findet die Leidenszeit der Allergiker dann ihren Höhepunkt und ist spätestens beim Laubaustrieb abgeklungen. Die Nüsse können ebenfalls als Allergieauslöser auftreten. Häufig sind die Betroffenen gleichzeitig gegen Pollen von Birkengewächsen allergisch, zu denen auch die Haselnuss gehört, man spricht in diesem Fall von einer Kreuzallergie. Die Symptome sind bei einer Kreuzallergie oft nur mild, in der Regel bleibt es bei Kribbeln, Brennen oder Missempfindungen an Lippen, Mund und Schleimhäuten. Einer wissenschaftlichen Studie zufolge leiden 1,4 % der europäischen Bevölkerung an einer Nussallergie (andere Nussarten eingeschlossen), sich selbst schätzen allerdings fast zwölf Prozent als allergisch gegen Nüsse ein. Das Erhitzen von Haselnüssen bei hohen Temperaturen ab 140°C zerstört hitzeempfindliche Allergene. Für manche Patienten sind geröstete Haselnüsse daher verträglicher, allerdings längst nicht für alle, denn es gibt auch andere, hitzestabile Allergene in der

Wenn sich die hier noch geschlossenen Haselkätzchen mit den wärmer werdenden Tagen öffnen, beginnt für viele Allergiker die Leidenszeit.

Haselnuss. Für die echten Nussallergiker besteht jedoch immer die Gefahr einer sehr starken allergischen Reaktion (Anaphylaxie). In diesem Fall ist höchste Vorsicht geboten. Bereits sehr geringe Dosen von Haselnusseiweiß können bei ihnen allergische Reaktionen auslösen. Verunreinigungen mit Haselnussproteinen, die in Lebensmitteln produktionsbedingt möglicherweise auftreten, können daher für Allergiker unangenehm, unter Umständen sogar gefährlich sein. Die Kennzeichnung von Lebensmitteln, die Nüsse enthalten, ist nach europäischem Lebensmittelrecht mit einem entsprechenden Hinweis zwar verpflichtend, doch dort, wo nur Verunreinigungen vorkommen können, ist der Warnhinweis „kann Spuren von Nüssen enthalten“ für die Hersteller nur freiwillig. Auch aus anderen Gründen kann es sich für manche Betroffenen als ausgesprochen schwierig herausstellen, die simple Regel, einfach auf Haselnüsse zu verzichten, einzuhalten. Wer vegetarisch oder vegan lebt oder wer aus religiösen Gründen eine spezielle Ernährung einhält, für den stellen Nüsse eine wichtige Proteinquelle dar. Bei einer Ernährungsumstellung hat man dann besonders viele Hindernisse zu bewältigen. (Quelle: European Centre of Allergy Research Foundation ECARF)

Haselsträucher in der Gartenkultur

Haselnüsse als Ziersträucher im Garten

Immer wieder haben Formen von Haselsträuchern mit besonderen Eigenschaften Verwendung als Ziergehölze gefunden. Weitaus am bekanntesten sind die Bluthaseln und die Korkenzieherhaseln. Von beiden gibt es unterschiedliche Sorten, hinzu kommen weitere, eher weniger häufig anzutreffende Zierformen.

Haselsträucher mit dunklem Laub

C. maxima 'Atropurpurea', Rotblättrige Lambertnuss
Dies ist eines unserer bekanntesten Ziergehölze mit dunklem Laub, als Lambertnuss erkennbar an den typischen langen, geschlossenen Fruchthüllen, aus denen die Nüsse bei Reife nicht von selbst herausfallen. Ihre Einführung wird meist der berühmten englischen Baumschule Loddiges zugeschrieben, in deren Katalog 1826 eine Sorte unter dem Namen *Corylus purpurea* ohne eine weitere Beschreibung gelistet ist. 1827 wird von der Baumschule Baumann in Bollwiller im Elsass *Corylus atropurpurea, nova* angeboten. Bereits 1834 konnte der botanische Garten in Hamburg davon Jungpflanzen abgeben, und zwar „in der zum Verpflanzen am besten geeigneten Größe".[66] Zwar werden Formen mit braunroten Blättern schon im Jahr 1771 in Du Rois *Harbkescher wilder Baumzucht* sowie in Borkhausens *Theoretisch praktischem Handbuch der Forstbotanik* (1800) als *Corylus rubra* erwähnt; so bezeichnete man um diese Zeit aber auch die schon lange bekannte 'Rote Lambertnuss', die ihren Namen einem ro-

Der österreichische Naturalienmaler Franz Johann Schultz hat in dem weithin unbekannten Werk Abbildung der inn- und ausländischen Bäume *erstmals eine Haselnuss mit braunroten Blättern dargestellt.*

ten Häutchen um den Kern verdankt. Durchaus möglich ist, dass unter den Sämlingen immer wieder Formen mit dunkleren Blättern aufgetreten sind. 'Purpurea' und 'Atropurpurea' sind seither alternative Namen für die Rotblättrige Lambertnuss. Außer den purpurfarbenen Blättern, die nicht vergrünen, sind vor allem die im Spätwinter erscheinenden rötlichen Kätzchen eine Zierde. Lange Zeit galt die Rotblättrige Lambertnuss als nicht völlig winterhart, dies scheint aufgrund der angestiegenen globalen Temperaturen heute in Mitteleuropa aber nicht mehr gültig zu sein.

In den letzten Jahrzehnten sind mehrere schwächer wachsende Formen der Bluthasel von der niederländischen Baumschule A. F. van Nijnatten & Zonen eingeführt worden:

- 'Anny's Purple Dream', 1999, rotlaubiger Kleinstrauch, geschützte Sorte
- 'Anny's Red Dwarf', 1999, rotlaubige Zwerg-Haselnuss[67]
- 'Little Rob', Zwergform, rotlaubig, später vergrünend, dekorative Kätzchen, aber kaum Früchte

'Rote Zellernuss' syn. 'Rode Zeller'
Unter diesem Namen ist heute eine den Zellernüssen zuzurechnende rotblättrige Form in den Baumschulkatalogen zu finden. Der Dendrologe Ludwig Beissner (1843–1927), der sie 1898 im Pomologischen Institut in Reutlingen sieht, bezeichnet sie als „rotblätterige, rotfrüchtige Zellernuss" und beschreibt sie begeistert.[68] Die bekannte Berliner Gärtnerei L. Späth hatte sie bereits vor dem Ersten Weltkrieg als Blutwaldhasel bzw. als *C. avellana atripurpurea* (= *atropurpurea)* im Sortiment. Da dieser Name zu Verwechslungen mit der Rotblättrigen Lambertnuss führen kann, waren Missverständnisse an der Tagesordnung. In Rudolf Stolls Katalog der im Königlich Pomologischen Institut in Proskau (heute poln.: Prószków) gezogenen Obstsorten[69] ist sie 1907 als Rotblättrige Zellernuss gelistet, der Name wird 1919 von Otto Luyken, dem designierten Direktor der Baumschule H. Hesse in Weener, für den Katalog seiner Baumschule übernommen. Die hellere Blattfärbung lässt diese Sorte weniger düster erscheinen als die Rotblättrige Lambertnuss. Die kupfer-

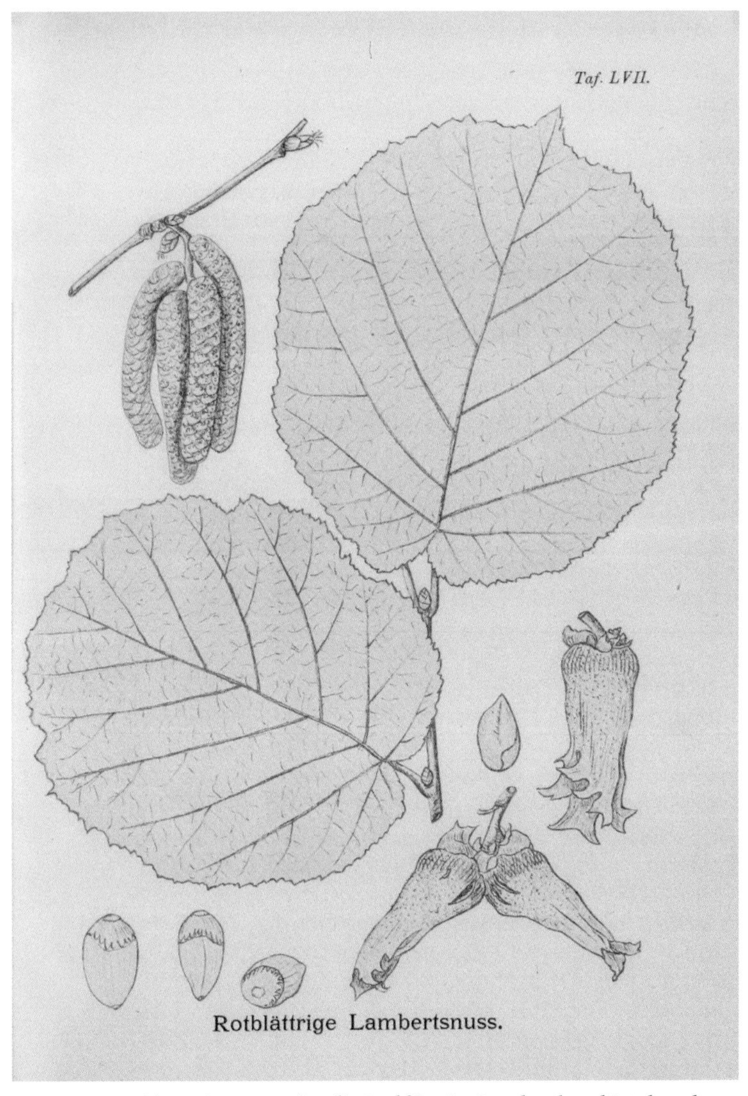

'Atropurpurea' (syn. 'Purpurea') – die Rotblättrige Lamberthasel ist charakterisiert durch das tief purpurfarbene Laub und die langen geschlossenen Fruchthüllen.

Die Sorte 'Rote Zeller' ist kenntlich an den wunderschönen roten Fruchtständen mit den im Gegensatz zur Rotblättrigen Lambertnuss offenen Fruchthüllen.

farbenen, leicht geöffneten Fruchthüllen sind von besonderer Schönheit und lassen vergessen, dass die Blattfärbung im Laufe des Sommers etwas an Intensität verliert.

Corylus avellana 'Fuscorubra', die Rotblättrige Waldnuss

Die vor 1887 aufgefundene, rotblättrige Form der Waldhasel wurde von der Baumschule Reinhold Behnsch in Dürrgoy (heute poln.: Tarnogaj) bei Breslau eingeführt. Franz Goeschke hat sie erstmals beschrieben und abgebildet, den Namen 'Fuscorubra' erhielt sie wenig später von dem Botaniker Leopold Dippel. Ihre Blätter sind hellrotbraun, im Laufe des Sommers vergrünend, die Früchte mit ihren für die Waldhasel typischen kurzen Fruchthüllen bleiben bei Reife rot. Die Sorte ist selten – werden Pflanzen dieses Namens im Handel angeboten, handelt es sich zumeist um die 'Rote Zellernuss'.

Weitere rotlaubige Sorten, die man wohl am ehesten als rotblättrige Zellernüsse auffassen kann:

Das herbstliche Gelb der Blätter des heimischen Haselstrauchs erscheint bei der Sorte 'Fuscorubra' mit ihren rotgrünen Blättern in Tönungen von Messinggelb, Ocker und Kupfer.

- 'Syrena', Stanisław Zabieżański, Polen, 1969, mit großen, länglichen Früchten, in Osteuropa weit verbreitet, die erste der rotblättrigen Fruchtsorten
- 'Warschauer Rote' syn. 'Warszawski Czerwony', S. Zabieżański, Polen, 1990, Kätzchen und Fruchthüllen rötlich, die Blätter vergrünen im Laufe des Sommers.
- 'Juningia', Fritz Jungnickel, Jena, vor 2011, Kätzchen und Fruchthüllen rötlich, die Blätter vergrünen im Laufe des Sommers.
- 'Purple Haze', Howard Kulke, McKay Nursery, USA; ein nicht fruchtender Zufallssämling aus Wisconsin, USA, gehört angeblich zu *Corylus americana;* da 'Atropurpurea' jedoch auch dort allgegenwärtig ist, dürfte es sich eher um eine Hybride handeln
- 'Rosita', Oregon Agricultural Experiment Station, USA, 1999, komplexe Hybride, aufrecht wachsend, in Europa nicht im Handel

'Juningia', 'Warschauer Rote' und 'Syrena' können auch als Fruchtsorten gepflanzt werden, Fruchtgröße und Ertrag sind mit anderen Sorten vergleichbar.

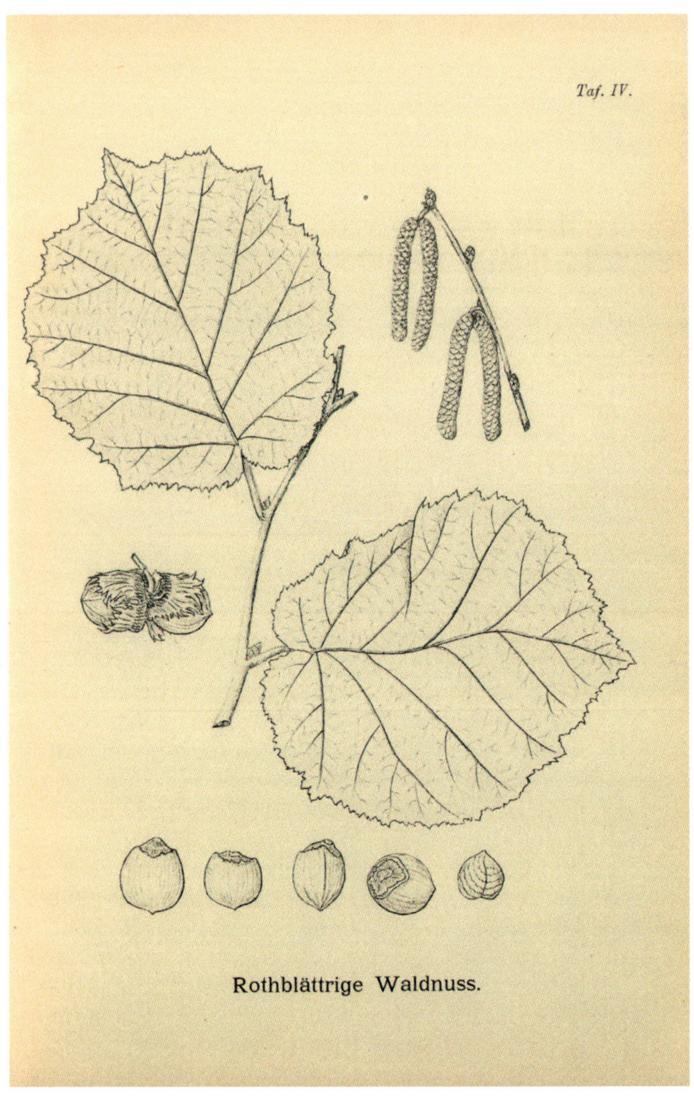

Von anderen rotblättrigen Haselnüssen unterscheidet sich 'Fuscorubra', die Rotblättrige Waldhasel, durch ihr nur leicht rötlich gefärbtes Laub und die ausgesprochen kurze Fruchthülle.

Rotlaubige Baumhaseln

Es ist anzunehmen, dass es sich bei den rotlaubigen Formen der Baumhasel um Hybriden mit der Bluthasel, also um *C. ×colurnoides* handelt, auch wenn sie meist als *C. colurna* im Handel zu finden sind.

- 'Te-Terra Red', van Nijnatten, Niederlande, 1987, die am weitesten verbreitete Sorte
- 'Silvanus Purple', Silvanus Forestry, Ungarn, 1992
- 'Granat', Deutschland, vor 1995
- '(Profesor) Władysław Bugała', von Tomasz Bojarczuk, Polen, 2005

Die letztgenannte rotblättrige Form wurde zwischen Sämlingen von *C. colurna* gefunden und 2007 eingeführt. Der Züchter vermutet eine Hybride mit 'Fuscorubra'.[70] Sie ist im Sommer vergrünend, die Früchte bleiben rot.

Korkenzieherhaseln

Die Korkenzieherhasel *Corylus avellana* 'Contorta' ist vermutlich in Hausgärten noch weiter verbreitet als die Bluthasel. Bei molekulargenetischen Untersuchungen hat sich herausgestellt, dass sie nicht der Waldhasel, sondern den Zellernüssen nahesteht. Allem Anschein nach ist diese durch korkenzieherartig gedrehte Triebe charakterisierte Mutation nur ein einziges Mal im 19. Jahrhundert aufgetreten.

'Contorta'

Um 1863 von dem damaligen Earl of Ducie (oder seinem Gärtner) in einer Hecke in Gloucester entdeckt, wurde 'Contorta' von ihm an den bekannten Gartenfreund Henry Nicholson Ellacombe (1822–1916) weitergegeben, der wiederum dem noch bekannteren Edward Augustus Bowles (1865–1954) einen Ableger überließ. Bowles pflanzte ihn in sein berühmtes *lunatic asylum* („Irrenhaus"), den Teil seines Gartens, in dem er Monstrositäten und Kuriositäten sammelte. Dieses Exemplar ist im Garten von Myddelton House immer noch vorhanden. In den Handel gebracht wurde die Sorte 1874 durch die Gärtnerei W. Foster in Stroud, Gloucestershire. Im angelsächsischen Raum

ist sie auch als „Harry Lauder's Walking Stick" bekannt, nach einem schottischen Komödianten, dessen Erkennungszeichen ein vielfach gekrümmter Spazierstock war. Obwohl heute allgegenwärtig, ist die Sorte vergleichsweise spät bei uns populär geworden. Karl Foerster erwähnt sie 1936,[71] hat sie aber erst 1938, also kurz vor Ausbruch des Krieges, als „seltsame Schlangennuss" für den hohen Preis von 4 Mark im Sortiment. Auch die Stuttgarter Gärtnerei Pfitzer bot sie 1938 an, allerdings deutlich günstiger, nämlich für die Hälfte. Noch in den 1960er-Jahren, also hundert Jahre nach ihrer Entdeckung, war sie bei uns eher selten. Danach wurde sie zu einem Modegehölz schlechthin. Ein besonderer Liebhaber der Korkenzieherhasel ist der Amateurfotograf Karl Volker. Mit dem Bildband *Wunderbare Korkenzieherhasel* (116 Seiten) und einem dazugehörigen Ergänzungsband (44 Seiten) bemüht er sich darum, in den gewundenen

Die roten Kätzchen an den blattlosen Zweigen der Sorte 'Red Majestic' sind eine besondere Zierde in den noch kühlen Vorfrühlingstagen.

Zweigen und gerunzelten Blättern „Naturgeister“ zu entdecken und zu fotografieren.[72]

In den letzten Jahren sind Sorten der Korkenzieherhasel in den Handel gekommen, die sich leicht vom originalen Typ unterscheiden:

- 'Anaconda', mehr aufrecht und kräftiger wachsend als 'Contorta'
- 'Scooter' (syn. 'Twister'), kurvig aufrecht wachsend, schwachwüchsig

Auch Sorten, die die beiden Eigenschaften „Rotlaubigkeit“ und „Korkenziehertyp“ vereinen, gibt es mittlerweile:

- 'Red Majestic', Rolf de Vries, Bad Zwischenahn, 1997, geschützte Sorte, fruchttragend
- 'Red Dragon', Oregon Agricultural Experiment Station, Corvallis (USA), 2008, komplexe Hybride, grün-rotes Laub, geringer Fruchtansatz
- 'Red Baron', Ludger Jost, Bakum, 2008, leichte Korkenzieherform, trägt keine Nüsse, in Polen verbreitet, geschützte Sorte

Die Goldhasel – *Corylus avellana* 'Aurea'

Die Einführung und Erstbeschreibung der goldblättrigen Hasel wird meist dem Muskauer Kunstgärtner Georg Kirchner zugeschrieben,[73] tatsächlich war die Form aber zu diesem Zeitpunkt schon länger in Kultur. Der schottische Botaniker James Smith (1763–1848) zog sie in seinem botanischen Garten Monkwood Grove in Ayrshire. Im Katalog seiner Gärtnerei ist sie 1830 als *Corylus avellana* var. *foliis aureis* aufgeführt.[74]

Die Goldhasel mit ihren goldgrünen Blättern ist aufgrund ihres schwächeren Wachstums für kleine Gärten eine vorzügliche Alternative zu anderen Sorten der Haselnuss. Sie setzt allerdings nur wenige Früchte an. Ob sich die Sorte 'Mellow Yellow', die zusätzlich gelbe Triebe haben soll, wirklich davon unterscheidet, sei dahingestellt. Bereits Beschreibungen aus dem 19. Jahrhundert erwähnen für 'Aurea' leuchtend gelbe Triebe.

Panaschierte Formen – *Corylus avellana* 'Variegata'

Die heute sehr seltene, weißpanaschierte Sorte dieses Namens geht auf ein Exemplar des Botanischen Gartens Dahlem zurück. Nach Dochnahl (1860) existierten Mitte des 19. Jahrhunderts sowohl weiß- wie auch gelb- und rotbuntblättrige Formen. Von dem Botaniker Alphonse de Candolle wurden diese unterschiedlichen panaschierten Typen 1864 als var. *variegata* zusammengefasst. In der Gartenkultur, beispielsweise in Camillo Schneiders *Illustriertem Handbuch der Laubholzkunde* (1906), wurden trotzdem weiterhin *C. a.* f. *albo-variegata* und f. *aureomarginata* unterschieden. Letztere hatte die Berliner Baumschule L. Späth bis zum Ersten Weltkrieg noch im Sortiment. Die von Späth 1883/84 eingeführte *C. avellana* var. *medio-purpurea* mit roter Blattmitte existiert wohl ebenfalls noch, ist aber nicht mehr im Handel. *Corylus avellana* 'Agnieszka' (syn. 'Leszek') ist eine panaschierte Form aus jüngerer Zeit, sie wurde 1993 von Sławomir Skórka (Polen) eingeführt. Die jungen Blätter sind grünlich-purpur, ältere grün mit weißen oder gelben, unregelmäßigen Flecken oder Streifen, einige vollständig grün. Die Sorte fruchtet selten. Bei uns ist sie kaum bekannt.

Die Geschlitztblättrige Haselnuss (Corylus avellana *'Heterophylla')* *in leuchtend gelber Herbstfärbung.*

Die Geschlitztblättrige Haselnuss – *Corylus avellana* 'Heterophylla'

1825 wurde erstmals eine Form mit tief eingeschnittenen Blättern von dem Botaniker und Agronomen Louis C. Noisette als *C. urticifolia* beschrieben. Davon unabhängig sind später mehrfach ähnliche Formen wildwachsend aufgefunden und neu benannt worden. 'Urticifolia', 'Quercifolia' und 'Laciniata' werden heute als Synonyme betrachtet, möglicherweise können sie sich aber in der Art der Blatteinschnitte unterscheiden. Der heute im Handel bevorzugte Name 'Heterophylla' ist eine ausgesprochen unglückliche Wahl, denn *Corylus*

heterophylla ist auch der botanische Name der Mongolischen Hasel, so dass Verwechslungen vorkommen. Die Züchtung 'Burgundy Lace' der Oregon Agricultural Experiment Station, Corvallis (USA) von 2017 ist eine rotblättrige Form der Geschlitztblättrigen Hasel, die unter anderem die 'Rote Zellernuss' in ihrem Stammbaum hat.

Die Trauerhasel – *Corylus avellana* 'Pendula'
Die Trauerform mit hängenden Zweigen wurde von dem Handelsgärtner Karl Niessing, Zehdenick (Brandenburg), wildwachsend gefunden und 1867 auf der Weltausstellung in Paris vorgestellt. Die Laurentius'sche Gärtnerei in Leipzig erwarb die Rechte und sorgte für die weltweite Verbreitung. Angeblich ist die Trauerhasel nicht fruchtend, der Gärtner Conrad Rosenthal (1883) aus Albern bei Wien beschreibt jedoch die Nüsse und bildet sie sogar ab. PURPLE UMBRELLA, eigentlich 'JM 251', ist der Handelsname einer rotblättrigen Trauerform, gezüchtet von Józsa Miklós, Ungarn, die von der polnischen Gärtnerei Szkółka Szmit 2015 eingeführt wurde.

Säulenformen
Die Baumschule Dieter von Essen, Rastede, hat eine streng aufrecht wachsende, bis 3 m hohe Selektion, *Corylus avellana* 'Rasteder Säule', in den Handel gebracht. Weit häufiger sieht man allerdings *Corylus colurna* 'VDB Obelisk' (syn. 'Scholten's Obelisk'), eine säulenförmig wachsende Baumhasel, die von der niederländischen Baumschule Gebrüder van den Berk 1991 eingeführt wurde.

Nut walks – Haselnuss-Spazierwege

Von Haselsträuchern flankierte Spazierwege findet man heute vornehmlich in großen britischen Privatgärten. Weithin bekannt ist die „Nuttery" im Garten von Sissinghurst Castle, das heute dem National Trust gehört. Verbreitet waren solche *nut walks* früher auch bei uns, es gab sie besonders in Norddeutsch-

land, wo Anpflanzungen von Haselsträuchern an den Grundstücksgrenzen oftmals so angelegt waren, dass rechts und links des Weges die langen, leicht überhängend wachsenden Ruten ein lichtes Blätterdach, eine Art Laubengang, bildeten. Mittlerweile sind Haselnuss-Laubengänge bei uns wohl kaum mehr zu finden, denn wie die Erhaltung der Haselniederwälder verlangen auch sie über Jahrzehnte andauernde, regelmäßige Pflegemaßnahmen. Während in früherer Zeit die Arbeitslöhne niedrig, der Nutzen durch die Bewirtschaftung jedoch vergleichsweise hoch war, verhält es sich heute genau umgekehrt. In traditionsreichen britischen Gärten und Parks kann man *nut walks* dagegen noch öfter antreffen.

Noch vorhandene *nut walks* in Großbritannien in Gärten, die öffentlich zugänglich sind:
- Sissinghurst Castle, Kent
- Groombridge Place Gardens, Kent
- Ingatestone Hall, Essex
- Goltho Gardens, Lincolnshire
- Winterbourne House and Garden, Birmingham (Botanischer Garten der University of Birmingham)
- Hindringham Hall Gardens, Norfolk
- The Gibberd Garden, Essex
- Dyrham Park Gardens, South Gloucestershire
- Prebendal Manor Medieval Gardens, Northamptonshire
- Munstead Wood, Surrey

Die Nuttery in Sissinghurst

Munstead Wood, von der berühmten Gartengestalterin Gertrude Jekyll (1843–1932) angelegt, birgt einen *nut walk,* der mit Lenzrosen (*Helleborus*) unterpflanzt ist. Sie blühen im Spätwinter, wenn die Zweige noch kahl sind. Die „Nuttery“ in Sissinghurst hatte Munstead zum Vorbild, entwickelte sich aber im

Die „Nuttery“ im Garten von Sissinghurst Castle während des Austriebs im April.

Lauf der Jahrzehnte zu einem Gartenteil ganz eigenen Stils. Als Vita Sackville-West und ihr Ehemann Harold Nicholson Schloss und Garten 1930 erwarben, fanden sie im Garten die Haselnussanlage bereits vor.

Sie bepflanzten die Bodenfläche unter den Haselsträuchern mit einem Teppich aus leuchtend gelb, rot und weiß blühenden Gartenprimeln, eine Anpflanzung, die sich zu ihrem Bedauern nicht als langlebig erwies. Heute wachsen dort zahlreiche Arten kleiner Waldpflanzen wie das Buschwindröschen *(Anemone nemorosa)*, die heimische Frühlingsprimel *(Primula vulgaris)* und ihre nahe Verwandte, die Echte Schlüsselblume (*Primula veris)*, dazu das Purpurblättrige Veilchen (*Viola riviniana* Purpurea Group). Die schwefelgelb blühende Mandelblättrige Wolfsmilch *(Euphorbia amygdaloides var. robbiae)* und die Gelbdolde *(Smyrnium perfoliatum)* mit ihrer ganz ähnlichen frühlingshaften Färbung gesellen sich wenig später hinzu. Es folgen die

imposanten Schösslinge des Germers *(Veratrum)*, Farne wie der Becherfarn (*Matteuccia struthiopteris)* und der Perlfarn *(Onoclea sensibilis)* sowie blaues Gedenkemein *(Omphalodes verna)* und viele weißblühende Pflanzen: das Duftsiegel *(Smilacina stellata)*, die weiße Form des Spanischen Hasenglöckchens (*Hyacinthoides hispanica* 'Alba'), das panaschierte Salomonssiegel (*Polygonatum odoratum* var. *pluriflorum* 'Variegatum'), außerdem Arten des Dreiblatts (*Trillium grandiflorum* und *Trillium sessile*) und verschiedene Arten von Elfenblumen *(Epimedium)*. Im Frühsommer blühen die Türkenbundlilie *(Lilium martagon)* und sogar Knabenkraut-Orchideen *(Dactylorhiza)*, alles Pflanzen, die den lichten Schatten der Haselsträucher lieben oder doch wenigstens ertragen. Im Spätwinter und Frühling sind es die blühenden Haselkätzchen, danach im April und Mai der zartgrüne Austrieb des jungen Laubs, die zur besonderen Atmosphäre der Anlage beitragen.

Betreten allerdings lässt sich der Pflanzenteppich unter den Haselsträuchern nicht mehr. Die ungeheuren Zahlen von Besuchern, die alljährlich nach Sissinghurst kommen, werden seitlich an dieser Pflanzung vorbeigeführt, auf einem mit Natursteinen gepflasterten Weg, der einen Blick auf die Pracht erlaubt. Ursprünglich als Allee gepflanzt, bilden die Haselsträucher, nachdem sie in späteren Jahren gelichtet wurden, heute eine großzügige und lockere Anpflanzung. Der Name „Nuttery" nimmt darauf Rücksicht, dass diese Anlage nicht mehr als *nut walk* im eigentlichen Sinne, also als von Haseln dicht gesäumter Spazierweg, bezeichnet werden kann. Die Besucher können sich allerdings von der Bepflanzung inspirieren lassen. Pflanzen, die im Frühling vor dem Laubaustrieb blühen, im Sommer aber lichten Schatten vertragen, Moose und Farne wachsen auch in ursprünglichen oder verwilderten Haselhainen, der Eindruck ist damit von großer Natürlichkeit. Trotzdem bleibt, insbesondere dann, wenn die Haseln entlang eines Wegs gepflanzt werden, erkennbar, dass es sich um ein traditionelles, ländliches Gartenbild handelt. Auch wenn alles wirkt, als sei es natürlich gewachsen, so ist, wie sich bereits vermuten lässt, einiges an gärtnerischem Aufwand nötig, um eine solche An-

lage ganzjährig attraktiv zu gestalten. Neben der Pflege der Staudenanpflanzungen gehört dazu vor allem das regelmäßige Auslichten der Haselsträucher, damit das Blätterdach nicht allzu undurchdringlich wird. Nach dem Laubfall im Herbst dürfen die Blätter zwar unter den Büschen liegenbleiben, wie es Waldpflanzen schätzen, der Weg allerdings sollte davon befreit werden. Am besten natürlich mit einem Reisigbesen aus Haselholz. In ähnlicher Weise lässt sich auch ein einzelner Haselstrauch unterpflanzen. Heimische Frühlingsblüher, neben Buschwindröschen und Primeln beispielsweise Walderdbeeren *(Fragaria vesca)* und Lungenkräuter *(Pulmonaria)*, sind weniger anspruchsvoll und auch erheblich ausdauernder als viele der in Sissinghurst verwendeten Pflanzen. Schneeglöckchen *(Galanthus)* und Waldgräser passen in diese Gemeinschaft, ebenso die bei uns in Haselgebüschen vorkommenden *Helleborus viridis* und *H. foetidus* – Gertrude Jekylls Lenzrosen vermögen jahrzehntelang am selben Ort auszuharren. Das eine oder andere schöne Kraut siedelt sich ganz von selbst an, und wo der Raum nicht ganz so großzügig zur Verfügung steht, sei die Goldhasel (*Corylus avellana* 'Aurea') empfohlen, ihr Wuchs ist schwächer und das grüngoldene Laubwerk wirkt noch lichter als das des gewöhnlichen Haselstrauchs.

Die jährliche Pflege solcher Haselstrauchpflanzungen liefert im Übrigen noch heute ein wichtiges Rohmaterial für die klassischen englischen Staudenpflanzungen, die *mixed borders*. In ihnen spielen aus Haselgerten geflochtene Pflanzenstützen eine wichtige Rolle. Sie werden gesetzt, sobald sich der erste Austrieb zeigt. Anfangs etwas ungewohnt wirkend, werden die Zweiggeflechte im Laufe der Saison mehr und mehr von dem sich entwickelnden Laub verdeckt, bis sie schließlich zur Blütezeit gänzlich verschwunden sind. Das harmonische Aussehen des Beets wird bei dieser Vorgehensweise nicht durch das nachträg-

Aus Haselgerten geflochtene Pflanzenstützen in einem britischen Garten; im Laufe des Sommers werden sie, unter dem sich entwickelnden Laub verborgen, die blühenden Triebe aufrecht halten.

liche Aufbinden von Trieben beeinträchtigt und selbst sichtbar gebliebene Teile wirken natürlicher als Halterungen aus anderen Materialien. Die Herstellung der Pflanzenstützen ist vergleichsweise aufwendig, da sie individuell der endgültigen Größe der Pflanze angepasst sein müssen, ihre viel bewunderte Schönheit haben englische Rabatten aber gerade dieser gärtnerischen Perfektion zu verdanken.

Ungeschälte und unbehandelte Haselnussruten sind ein attraktives und nachhaltiges Material für die Umrandung von Hochbeeten.

Laubengänge

Haselalleen finden vielfach in der Literatur zu Beginn des 19. Jahrhunderts Erwähnung, besonders im nördlichen Deutschland und in Dänemark scheinen sie vergleichsweise häufig gewesen zu sein. Der Alpenpflanzenspezialist und Garten-

buchautor Erich Wocke (1863–1941) bedauert 1922 in seinem *Gehölzbuch,* dass man „Seufzeralleen" aus Haselsträuchern nur noch „in alten hundertjährigen Herrschaftshäusern" antreffen könne.[75] Nicht immer klar ist allerdings, was in diesen alten Beschreibungen tatsächlich gemeint war, eine einfache Reihenpflanzung oder aber ein formaler Bogengang. Auch bei einigen der englischen *nut walks,* beispielsweise in Hindringham und Winterbourne, handelt es sich nicht um Strauchpflanzungen, sondern eher um formal gestaltete Laubengänge. Dafür werden die mehrere Meter emporgewachsenen, noch biegsamen Haselruten an bogenförmige Gestelle gebunden und regelmäßig beschnitten. Die Wirkung ist weniger naturhaft, eher architektonisch mit altertümlicher Anmutung. In Neuenhahns Werk zur Agrarökonomie (1810) heißt es dazu:

> *Vorzüglich nützlich ist dieser Strauch zu lebendigen Hecken um Gärten, Felder, und wenn gleich diese Hecken unten nicht dicht wachsen, so kann man die Zweige und Stangen doch, wegen ihrer Biegsamkeit, leiten, wie man will, und lebendige Zäune und schöne bedeckte Spaziergänge anlegen, wenn man sie in Reihen einen Fuß weit von einander pflanzt, und wie andere Staudenhecken erzieht. Nur darf man in einer solchen Hecke auf viele Nüsse keine Rechnung machen, weil man die Stauden nicht zu starken Bäumen aufwachsen läßt.*[76]

Neu angelegt findet sich ein solcher Haselnuss-Bogengang in den Parkanlagen von Schloss Heiligenberg bei Darmstadt. Wie das haseltypische kräftige Wachstum ihn auf Dauer verwandeln wird, bleibt abzuwarten.

Haselhaine sind selten geworden in Europa, Haselsträucher wachsen jedoch wie eh und je an Waldrändern und in den Hecken, sie werden ihrer Nüsse oder auch ihres Zierwerts wegen überall dort gepflanzt, wo die Haselnuss seit nunmehr 10.000 Jahren zu Hause ist. Vom Kaukasus bis in den äußersten Westen des Kontinents stellt sie einen prägenden Bestandteil europäischer Kulturlandschaften dar – das ist mehr, als viele andere Gehölze von sich behaupten können.

Haselnuss-Bogengang in den Parkanlagen von Schloss Heiligenberg.

Anmerkungen

1 Richard Mabey (2015): The Celtic Bush: Hazel, in: *The Cabaret of Plants: Botany and the Imagination.* London: Profile Books, S. 9–121.

2 Carl Chr. A. Neuenhahn (1810): *Anleitung zum landwirthschaftlichen Handel, Zweyter Band, zweyter Theil.* Erfurt: Keyser, S. 698 f.

3 Gottlieb von Zötl (1831): *Handbuch der Forstwirthschaft im Hochgebirge* Bd. 1. Wien: Gerold, S. 375/376.

4 Special Area of Conservation. Näheres hier: www.clarecoco.ie/services/planning/heritage/protection-of-the-burren

5 Karl Koch (1876): *Die deutschen Obstgehölze.* Stuttgart: Enke, S. 263.

6 Tufan Gökirmak (2005): *Characterization of European hazelnut (*Corylus avellana *L.) cultivars using SSR markers* (master thesis). Oregon State University, S. 94.

7 Norbert Holstein et al. (2018): The nutty world of hazel names, in: *European Journal of Taxonomy* 409, S. 1–45.

8 Neben Gökirmak (2005) sind zu nennen: Paolo Boccacci, Aziz Akkak, Roberto Botta (2006): DNA-typing and genetic relationships among European hazelnut (Corylus avellana L.) cultivars using microsatellite markers, in: *Genome 49,* S. 598–611 – Tufan Gökirmak, Shawn A. Mehlenbacher, Nahla V. Bassil (2008): Characterization of European hazelnut (Corylus avellana) cultivars using SSR markers, in: *Genetic Resources and Crop Evolution* 56, S. 147–172 – Paolo Boccacci, Roberto Botta (2009): Investigating the origin of hazelnut (Corylus avellana L.) cultivars using chloroplast microsatellites, in: *Genetic Resources and Crop Evolution* 56. S. 851–859.

9 Alfred Rehder (1926): New Species, Varieties and Combinations, in: *Journal of the Arnold Arboretum* 7(2), S. 146/147.

10 Johannes Hoops (1999): *Reallexikon der Germanischen Altertumskunde,* Bd. 14. 2. Auflage. Berlin, Boston: De Gruyter. Lemma „Hasel und Haselnuß" §2. – Neuere Untersuchungen deuten allerdings eher auf Klimaeinflüsse als Ursache. Dazu Philipp A. Tallantire (2002): The early-Holocene spread of hazel (Corylus avellana L.) in Europe north and west of the Alps: an ecological hypothesis, in: *The Holocene* 12(1), S. 81–96.

11 Corinne Buch (2016): Corylus avellana, in: *Jahrbuch des Bochumer Botanischen Vereins* 7, S. 197–211.

12 Daniela Holst (2018): Als sich von Nüssen und Fischen gut leben ließ, in: *111 Jahre Prähistorische Archäologie in Köln,* S. 130–139.

13 Killian Driscoll (2006): *The early prehistory in the west of Ireland: Investigations into the social archaeology of the Mesolithic, west of the Shannon, Ireland* (MLitt thesis, National University of Ireland, Galway), S. 70.

14 Andrzej Niewęgłowski (1988): Die religiöse Rolle der Haselnuß und der Hasel, in: *Archaeologia Polona* 27, S. 147–183.

15 Otto Doppelfeld (1964): Das fränkische Knabengrab unter dem Chor des Kölner Domes, in: *Germania* 42, S. 156-187

16 Julius Pokorny (1959): *Indogermanisches etymologisches Wörterbuch.* Bern: Francke, S. 616.

17 Hieronymus Bock (1577): *Kreütterbuch.* Straßburg: Rihel, S. 387.

18 Friedrich Wimmer [Hrsg.] (1842): *Theophrasti Eresii Opera quae supersunt omnia. Tomus primus historiam plantarum continens.* Breslau: Hirt – HP 1.3.3: ὁ δὲ μὺῤῥινος μὴ ἀνακαθαιρόμενος ἐκθαμνοῦται καὶ ἡ ἡρακλεωτικὴ καρύα („Myrte und Haselnuss wachsen strauchartig, wenn man sie nicht ausputzt").

19 Gary Reger (2007): Traders and Travelers in the Black and Aegean Seas, in: *The Black Sea in Antiquity. Regional and Interregional Economic Exchanges,* hrsg. von Vincent Gabrielsen, John Lund, Black Sea Studies 6. Aarhus: Aarhus University Press, S. 273–286.

20 Marcus Porcius Cato: *De agri cultura* 18,9.

21 Gaius Plinius Caecilius Secundus: *Historia naturalis* XV,88–90.

22 Die römische Literatur zu den Haselnüssen wird ausführlich und genau von Burchardt (1833) diskutiert.

23 World Checklist of Selected Plant Families (WCSP), Lemma: *Corylus maxima.* Autor: Rafaël Govaerts.

24 Pedanios Dioskurides: *De materia medica,* Kap. 179.

25 Johann Heinrich Dierbach (1831): *Flora apiciana. Ein Beitrag zur näheren Kenntniss der Nahrungsmittel der alten Römer.* Heidelberg: Groos, S. 12/13.

26 Rudolf Fischer-Benzon (1894): *Altdeutsche Gartenflora.* Kiel und Leipzig: Lipsius & Tischer, S. 160/161.

27 Morgan Library, New York, MS M:873.

28 MS A20.084, abgebildet in: Jan de Koning et. al. (2008) *Drawn After Nature: The Complete Botanical Watercolours of the 16th-Century Libri Picturati.* Zeist (NL): KNNV Uitgeverij.

29 Holzschnittabbildungen bei Dodoens, Mattioli, L'Obel, als „Barth-Nuß" bei Johann Wilhelm Weinmann (1739): *Phytanthoza-Iconographia* Bd. 2 – t. 437 b.

30 Ebenda, t. 437a.

31 Johann Huebner (1712): *Curieuses Natur-Kunst-Gewerck- und Handlungs-Lexicon.* Leipzig: Gleditsch & Sohn, S. 884.

32 Michael Titius (1654): Catalogus plantarum horti electoralis regiomontani, Regiomonti, 1654 (Nachdruck *Linnaea* 10, 1836, S. 369–404).

33 Conrad Gessner (1561): De hortis Germaniae, in: Valerius Cordus: *Annotationes in Pedanii Dioscoridis Anazarbei De medica materia libros.* Argentorati: Rihel.

34 Heinrich Martin Gottfried Köster (Hrsg.) (1789): *Deutsche Encyclopädie,* Bd. 14, Frankfurt am Main: Varrentrapp & Wenner.

35 MS A20.084, siehe Anmerkung 28.

36 Tufan Gökirmak et al. (2008): S. 79.

37 ‚Durcheinander', ‚zerstreut'.

38 Vermutlich geht diese Annahme auf eine Gleichsetzung des Hermesstabs (Caduceus) mit einem Haselstecken zurück.

39 So in Geoffrey Keatings *The History of Ireland,* einem Werk in gälischer Sprache aus dem 16. Jahrhundert.

40 Eine Zusammenfassung des Mythenkreises Hasel–Lachs–Wissen findet sich in: Helen Phelan (2017): *Singing the Rite to Belong: Ritual, Music, and the New Irish.* Oxford University Press, S. 111.

41 Johannes Hoops (1999): *Reallexikon der Germanischen Altertumskunde,* Bd. 14, 2. Auflage. Berlin, Boston: De Gruyter. Lemma „Hasel und Haselnuß" §3.

42 Heinrich Marzell (1953): Hasel und Schlange, in: *Beiträge zur sprachlichen Volksüberlieferung* (Festschrift A. Spamer), Berlin, S. 200–207.

43 Siehe Anmerkung 16.

44 Ludwig Uhland (1844): Ulinger 74 B, Str. 8. In: *Alte hoch- und niederdeutsche Volkslieder: Liedersammlung, 1. Abth.* Stuttgart: Cotta.

45 Jacob Grimm (1844): *Deutsche Mythologie:* II. Band, Göttingen: Dieterich, S. 837.

46 Vgl. Dr. Aigremont [Pseud. von Siegmar Schultze-Gallera] (1910): *Volkserotik und Pflanzenwelt.* 2. Auflage, Leipzig: Friedrich S. Krauss.

47 Vgl. auch: Heinrich Marzell (1930): Hasel, in: Hanns Bächtold-Stäubli (Hg.): *Handwörterbuch des deutschen Aberglaubens.* Berlin 1927–1942 (Nachdruck Berlin, New York 1987), III, Spalte 1527 ff.

48 „Sitzt a schen's Vegerl af'm Tannabam", in: Franz Ziska, Julius M. Schottky (1819): *Österreichische Volkslieder,* Pesth.

49 Albrecht Classen (2015): Haselnüsse, Erotik und Epistemologie in der Literatur des Mittelalters, in: *Fabula,* Band 56, Heft 1/2, S. 79–94.

50 https://www.sackmuseum.de/news/1/548902/nachrichten/nieheimer-flechthecken.html

51 Samuel D. L. Henne (1770): *Anweisung, wie man eine gute Baumschule von Obstbäumen im Großen anlegen und unterhalten soll.* Halle: Hendel.

52 Tafeln im *Teutschen Obstgärtner:* Hallische Riesennuß, Bd. 10, S. 350; Große bunte Zellernuß, Bd. 12, S. 32; Gemeine Zellernuss, Bd. 17, S. 378; Gunsleber Zellernuss, Bd. 17, S. 379; Frühe lange Zellernuß, Bd. 18, S. 402; Italienische lange Zellernuss, Bd. 18, S. 403; Gemei-

ne weiße Lampertsnuß, Bd. 19, S. 86; Gemeine rothe Lampertsnuß, Bd. 19, S. 190.

53 Leopold Müller (1861): Theodor Heinrich Otto Burchardt. Biographische Skizze, in: *Monatsschrift für Pomologie und praktischen Obstbau (Pomologische Monatshefte)* 7. Jg (mit Porträt), S. 65–66.

54 Theodor Burchardt (1806): *Pomologische Bibliothek oder: Alphabetisches Verzeichniß der Pomologischen Schriften mit Zusätzen und Berichtigungen bis auf das Jahr 1805 fortgesetzt, hrsg. von Johann Büttner.* Coburg: Ahl.

55 Theodor Burchardt (1) Beiträge zur Geschichte der Kultur der Haselnüsse und ihrer Sorten, in: *Verhandlungen des Vereins zur Beförderung des Gartenbaues in den Königlich Preußischen Staaten* Bd. 9 (1833), S. 93–145. (2) Bemerkungen über die Kultur der Haselnüsse und ihrer Sorten, in: *Verhandlungen des Vereins zur Beförderung des Gartenbaues in den Königlich Preußischen Staaten* Bd. 15 (1841), S. 80–86.

56 Anon. [Friedrich Jakob Dochnahl] (1854): Burchardts Haselnüsse, *Pomona,* S. 17–19, 27–31.

57 Palandt (1881) zufolge wurde Schmidts Sammlung von der international bekannten Celler Handelsgärtnerei Schiebler & Sohn übernommen. Ende der 1930er-Jahre wurden die Baumschulanlagen gerodet.

58 Maximilian Sallmann (1919): Drei Geschlechter der Gärtnerfamilie Peicker, in: *Die Gartenwelt* Bd. 23, S. 365/366.

59 Tufan Gökirmak et al. (2008).

60 Antonio Bazzarini (1813): *Piano teorico-pratico di sostituzione nazionale al cioccolato.* Venezia: Domenico Fracasso.

61 Almeda Lambert (1899): *Guide for nut cookery; together with a brief history of nuts and their food values.* Battle Creek, Michigan: J. Lambert & co.

62 William Shurtleff, Akiko Aoyagi (2014): *History of Seventh-day Adventist Work with Soyfoods, Vegetarianism etc.* Lafayette CA, USA: Soyinfo Center, S. 72–74.

63 Christian Friedrich Germershausen (1785): *Der Hausvater in systematischer Ordnung,* Bd. 3. Leipzig: Feind, S. 50.

64 Rengenier C. Rittersma (2010): Nördlich des Trüffeläquators, in: *Humboldt-Kosmos.* Alexander von Humboldt-Stiftung. https://www.humboldt-foundation.de/web/kosmos-deutschland-im-blick-95-1.html

65 Forschungsgruppe Hypogäen: http://trüffelschule.de/forschungsgruppe-hypogäen-fgh/

66 Hamburgischer botanischer Garten (1834): *Verzeichniss der im Freien ausdauernden Bäume, Gesträuche und Staudengewächse* ... Hamburg: Meissner; „Corylus Avellana fol. atropurp."

67 Die manchmal angebotene 'Anny's Compact Red' ist nach André van Nijnattens Angaben niemals in den Handel gekommen; bei unter diesem Namen angebotenen Pflanzen handelt es sich um 'Anny's Red Dwarf'.

68 Ludwig Beissner (1898): Reiseerinnerungen, in: *Mitteilungen der Deutschen dendrologischen Gesellschaft* No.7, S. 79–88.
69 Gustav Stoll (1907): *Proskauer Obstsorten.* Proskau: Verlag des Instituts.
70 Tomasz Bojarczuk et al. (2007): Corylus 'Władysław Bugała' – a new purple-leaved cultivar of hazel, in: *Rocznik Dendrologiczny* 55, S. 29–31.
71 Karl Foerster [1936]: *Gartenfreude wie noch nie: kleines Gartenärgerlexikon.* Kassel: AG Druck und Verlag.
72 Karl Volker (2011): *Wunderbare Korkenzieherhasel* und ders. (2012): *Ergänzungsband zum Buch Wunderbare Korkenzieherhasel,* Berlin: epubli GmbH.
73 Eduard Petzold, Georg Kirchner (1864): *Arboretum Muscaviense.* Gotha: Opetz.
74 Katalog James Smith/Ayr (1830) in: *Gardener's Magazine, and Register of Rural & Domestic Improvement,* vol. 6, S. 713–718.
75 Erich Wocke (1922): *Gehölzbuch für Gartenfreunde und Gärtner.* Frankfurt a. O.: Trowitzsch, S. 51.
76 Siehe Anmerkung 2.

Literatur

Alteheld, Rudolf (1995): Corylus colurna – Die Baumhasel: Monographie einer Baumart, in: Dorsch, Andreas: *Baumkunde* No. 1, Eching: IHW-Verlag (Diplomarbeit Univ. München).

anon. [Dochnahl, F. J.] (1854): Burchardts Haselnüsse, in: *Pomona,* S. 17–19, S. 27–31.

[Arbeitsgemeinschaft „Schalenobst"] (1960): *Deutscher Nußkatalog: Richtlinien für den Wal- und Haselnußanbau nebst Beschreibung und Abbildung der besten Sorten.* [Bad Godesberg]: Auswertungs- und Informationsdienst für Ernährung, Landwirtschaft und Forsten (AID).

Borkhausen, Moritz Balthasar (1800): *Theoretisch-praktisches Handbuch der Forstbotanik und Forsttechnologie,* Bd.1, Gießen u. a., S. 723/724.

Buch, Corinne et. al. (2016): Corylus avellana – Gewöhnliche Hasel, Haselstrauch (Betulaceae), in: *Jahrbuch des Bochumer Botanischen Vereins* 7, S. 197–211.

Burchardt, Theodor Heinrich Otto (1833): Beiträge zur Geschichte der Kultur der Haselnüsse und ihrer Sorten, in: *Verhandlungen des Vereins zur Beförderung des Gartenbaues in den Königlich Preußischen Staaten,* Bd. 9, S. 93–145.

Burchardt, Theodor Heinrich Otto (1841): Bemerkungen über die Kultur der Haselnüsse und ihrer Sorten, in: *Verhandlungen des Vereins zur Beförderung des Gartenbaues in den Königlich Preußischen Staaten,* Bd. 15, S. 80–86.

Büttner, Carl Gottlob (1798): Über die Haselnüsse, in: *Der Teutsche Obstgärtner,* Bd. 10, S. 97, 135, 305, 346.

Büttner, Carl Gottlob (1800): Naturgeschichte des Haselnußstrauchs, in: *Der Teutsche Obstgärtner,* Bd. 13, S. 3, 67.

Büttner, Carl Gottlob (1820): Über die Haselnüsse, in: *Der Teutsche Fruchtgarten, als Auszug aus Sickler's Teutschem Obstgärtner und dem Allgemeinen teutschen Garten-Magazine,* Bd. 3, S. 197–213.

Christ, Johann Ludwig (1812): *Vollständige Pomologie über das Steinobst, Schalen- und Beerenobst,* Bd. 2, Frankfurt am Main, S. 297–301, t. 16, 17.

Classen, Albrecht (2015): Haselnüsse, Erotik und Epistemologie in der Literatur des Mittelalters. *Fabula,* Bd. 56, Heft 1/2, S. 79–94.

Debor, Herbert Wilhelm (1978): *Bibliographie des internationalen Haselnuß-Schrifttums,* Berlin: Univ.-Bibl. der Technischen Universität.

Dochnahl, Friedrich Jakob (1860): *Der sichere Führer in der Obstkunde auf botanisch-pomologischem Wege.* IV. Band: Schalen- und Beerenobst, Nürnberg: W. Schmid, S. 27–53.

Dittrich, Johann Georg (1841): *Systematisches Handbuch der Obstkunde,* Jena: Mauke, S. 451–468.

Du Roi, Johann Philipp (1771): *Die Harbkesche wilde Baumzucht,* Bd. 1, Braunschweig: Fürstliche Waisenhaus-Buchhandlung, S. 178.

Friedrich, Gerhard; Schuricht, Werner (1988): *Nüsse und Quitten,* Melsungen: Neumann-Neudamm.

Germain, Eric; Sarraquigne, Jean-Paul (2004): *Le noisetier* [Paris]: Centre Technique Interprofessionnel des Fruits et Légumes.

Goeschke, Franz (1887): *Die Haselnuss: ihre Arten und ihre Kultur,* Berlin: Parey.

Goeschke, Franz (1891): *Empfehlenswerthe Haselnüsse – Kurze Anleitung zur erfolgreichen Kultur der Haselnüsse nebst Abbildung und Beschreibung von 18 hervorragenden Sorten,* Berlin: Bodo Grundmann.

Goethe, Rudolf (1917): *Das Strauch- und Schalenobst.* Aus dem Nachlasse des Herrn Landesökonomierat Göthe zusammengestellt von E. Junge. Wiesbaden: Bechtold & Comp.

Gross, Emanuel (1902): *Die Haselnuß, ihre Kultur und wirtschaftliche Bedeutung.* Berlin: Paul Parey.

Hafner, Johannes (1885): Erprobte Sorten Haselnüsse, in: *Garten-Zeitung,* S. 59.

Hinkert, F. Wilhelm (1836): *Systematisch geordnetes Handbuch der Pomologie,* Bd. 3, München: Weber, S. 197–206.

Holst, Daniela (2009): Eine einzige Nuss rappelt nicht im Sacke – Subsistenzstrategien in der Mittelsteinzeit, in: *Mitteilungen der Gesellschaft für Urgeschichte* 18, S. 11–38.

Holstein, Norbert; el Tamer, Sarah; Weigend, Maximilian (2018): The nutty world of hazel names – a critical taxonomic checklist of the genus Corylus (Betulaceae), in: *European Journal of Taxonomy* 409, S. 1–45.

Janson, Arthur (1936): *Kern-, Stein- und Schalenobst. Ein Lehr- und Nachschlagebuch über den gesamten Baumobstbau,* Nordhausen am Harz: Heinrich Killinger.

Jong, Piet C. de (2011): Corylus – overzicht van het sortiment, in: *Dendroflora* 48, S. 72–86.

Klock, Peter; Klock, Thorsten (2017): Die Haselnuss, in: *Pomologenverein Jahresheft 2017,* S. 100–106.

Koch, Karl Heinrich Emil (1858): *Die Haselnuss,* in: Langethal, Chr. E.: *Deutsches Obstcabinet,* Bd. 5, Jena: Mauke.

Koch, Karl Heinrich Emil (1876): *Die deutschen Obstgehölze: Vorlesungen gehalten zu Berlin im Winterhalbjahr 1875/76.* Stuttgart: Enke, S. 263, 599–612.

Könemann, Ewald (1943): *Nussbau in allen Lagen,* Berlin: Siebeneicher.

Könemann, Ewald (1978): *Nussbau in allen Lagen,* 2., verb. Aufl., Bearbeitung Oswald Hitschfeld, Wien: Braumüller.

Kronfeld, Ernst Moritz (1921): Die Zauberhasel, in: *Mitteilungen der Deutschen Dendrologischen Gesellschaft* 31, S. 249–271.

Maurer, Kornelius Julius (1968): *Schalenobst-Anbau (Walnuß, Haselnuß, Edelkastanie, Mandel)*, Stuttgart: Ulmer.

Marzell, Heinrich (1953): Hasel und Schlange, in: *Beiträge zur sprachlichen Volksüberlieferung* (Festschrift A. Spamer), Berlin, S. 200–207.

Niewęgłowski, Andrzej (1988): Die religiöse Rolle der Haselnuß und der Hasel, in: *Archaeologia Polona,* Tom 27, S. 147–183.

Nitsch, Carola (2013): Die Haselnuß ... eine Erfolgsstory der Hartnäckigkeit, in: *Grüner Anzeiger,* 4/13, S. 32–35.

Palandt, Heinrich Wilhelm (1881): *Der Haselstrauch und seine Kultur,* Berlin: Parey.

Rosenthal, Adam Conrad (1883): *Sechzehn vorzügliche und interessante Haselsträucher,* Wien: Frick (mehrfach nachgedruckt: *Wiener Illustrirte Garten-Zeitung,* Bd. 8, 1883; *Pomologische Monatshefte* Bd. 30, 1884; *Neuberts Garten-Magazin* Bd. 30, 1884. Auch unter dem Titel: *Einige vorzügliche und interessante Haselsträucher).*

Schmidt, August Friedrich (1860): Beitrag zur Kultur der Haselnüsse, in: *Monatsschrift für Pomologie und praktischen Obstbau* (Pomologische Monatshefte), S. 40 (dazu Porträt und biografische Skizze von A. F. Schmidt, S. 6–10; Kommentar der Redaktion: S. 210–217).

Schaal, Gustav [um 1930]: *Stein-, Beeren- und Schalenobst,* Stuttgart: Eckstein & Stähle.

Schneiders, Erich (1939): *Erfolgreicher Haselnußanbau für den Eigenbedarf und Erwerb,* Stuttgart: Ulmer.

Stritzke, Siegfried (1961): *Wal- und Haselnüsse.* Berlin: Deutscher Landwirtschaftsverlag.

Wachsmuth, Brigitte (2021): Haselnüsse als Ziergehölze, in: *Zandera* 36 (2021) Nr. 1, S. 54–65.

Weinhold, Karl (1901): Über die Bedeutung des Haselstrauches im altgermanischen Kultus und Zauberwesen, in: *Zeitschrift des Vereins für Volkskunde,* Bd. 11, S. 1–10.

Weinmann, Johann Wilhelm (1739): *Phytanthoza-Iconographia,* Bd. 2, Ratisbonae: Lenz, S. 256–262, t. 437.

Abbildungsnachweise

Titel: Belgique Horticole, Bd. 3 (1853). Biodiversity Heritage Library | S. 9: Bob Gibbons/Alamy Stock Foto | S. 12: J. Sturms Flora von Deutschland, hrsg. von Dr. K. G. Lutz. 1905, Stuttgart: K. G. Lutz, Taf. 32. www.biolib.de | S. 13 o., 99: Häberli Fruchtpflanzen GmbH, Roßmarktstraße 11, 97616 Bad Neustadt a. d. Saale, www.haeberli-beeren.ch | S. 13 u., 22, 105: Eggert Baumschulen | S. 15, 61, 64: Deutsches Obstcabinet, Sect. 5: Nüsse, 1857 (60). Deutsche Gartenbaubibliothek | S. 18: Der Teutsche Obstgärtner, Bd. 17, T. 18. Deutsche Gartenbaubibliothek | S. 20, 100: Jeff Reimer, www.selectree.calpoly.edu | S. 21, 66, 77, 98, 101: Die Haselnuss – ihre Arten und ihre Kultur. Berlin: Parey, 1887. ETH-Bibliothek Zürich, Rar 29329, https://doi.org/10.3931/e-rara-7554 / Public Domain Mark | S. 24: Michal Sikorski/Alamy Stock Foto | S. 27: Nigel Cattlin/Alamy Stock Foto | S. 28: Icones florae Germanicae et Helveticae, simul Pedemontanae, Tirolensis, Istriacae, Dalmaticae, Austriacae, Hungaricae, Transylvanicae, Moravicae, Borussicae, Holsaticae, Belgicae, Hollandicae, ergo Mediae Europae. Iconographia et supplementum ad opera Willdenowii [et al.] ..., https://www.biodiversitylibrary.org/bibliography/6353, Tafel DCXXXVI. Biodiversity Heritage Library | S. 31: La physique occulte ou traité de la baguette divinatoire: Augmenté en cette édition, d'un traité de la connoissance des causes magnétiques des cures sympathiques, des transplantations & comment agissent les p [...]. Paris: chez Jean Boudot, 1696. ETH-Bibliothek Zürich, Rar 270, https://doi.org/10.3931/e-rara-10520/Public Domain Mark | S. 34: Tacuinum sanitatis, 1380-1399. http://data.onb.ac.at/rep/10020524 / Österreichische Nationalbibliothek | S. 36: Libri Picturati. Jagiellonische Bibliothek, Krakau | S. 39: Johann Wilhelm Weinmann: Phytanthoza-Iconographia. | S. 41: Monatsschrift für Pomologie und praktischen Obstbau 1860, S. 40. Deutsche Gartenbaubibliothek | S. 53, 111: Marion Nickig, Essen | S. 54, 55: © Stadt Nieheim | S. 59: Der Teutsche Obstgärtner, Bd. 17, T. 19. Deutsche Gartenbaubibliothek | S. 63: Pomologische Monatshefte 1861, S. 65. Deutsche Gartenbaubibliothek | S. 65: Monatsschrift für Pomologie und praktischen Obstbau 1860, S. 5. Deutsche Gartenbaubibliothek | S. 71: Native Plants, www.native-plants.de, OnlinePflanzenVersand | S. 78: Maurizio MIlanesio/Alamy Stock Foto | S. 92: Christoph Benisch, www.kerbtier.de | S. 96: Abbildung der inn- und ausländischen Bäume, Stauden und Sträuche, welche in Oesterreich fortkommen, nebst einer vollständig gegründeten Anweisung, wie diese Gewächse anzupflanzen sind ... hrsg. von Franz Johann Schultz, Wien: Sammer, 1792-1804. http://data.onb.ac.at/

rep/10368B6A / Österreichische Nationalbibliothek, Digitalisat angefertigt durch Google | S. 103: Dr. Cynthia Nagel, www.gartenphoto.de | S. 108: The National Trust Photolibrary/Alamy Stock Foto | S. 110: Le Banquet, Dordogne | S. 113: © Wolfram Molitor 2015

Register – Haselnüsse